La Technologie

La Technologie

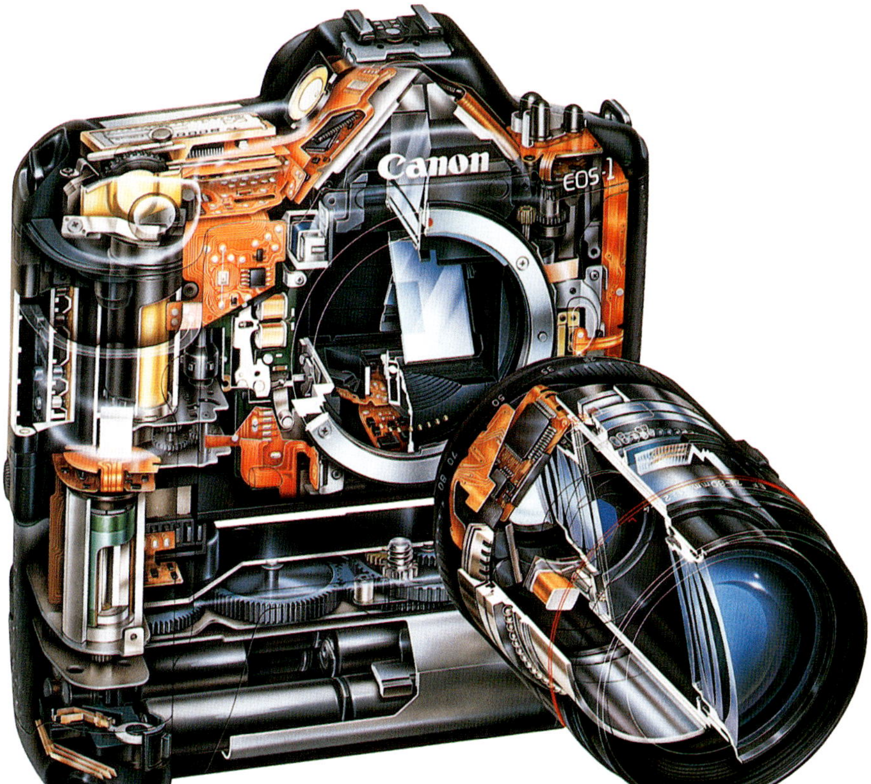

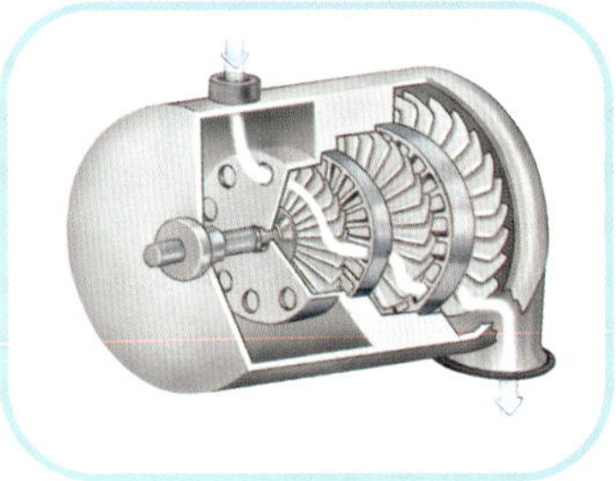

Éléments chimiques

Déjà à l'époque de la Grèce antique, les scientifiques pensaient qu'il devait exister une particule trop petite pour être à nouveau divisible. Ils la baptisèrent atome. Même si aujourd'hui nous utilisons toujours cette notion, notre représentation de la structure de la matière diffère considérablement de celle d'alors. Nous savons que toute matière est constituée d'éléments se distinguant par une structure atomique spécifique qui leur est propre. Et nous savons également que les plus petits composants de l'univers peuvent se diviser encore davantage par le biais de la fission nucléaire et que l'énergie libérée lors de ce processus est susceptible de développer une puissance inimaginable.

Qu'est-ce qu'un atome ?

Le terme atome (du grec atomos : indivisible) désigne la plus petite partie d'un corps chimique pouvant être attribuée de façon univoque à un élément chimique déterminé (par exemple le fer, le cuivre, l'or, le silicium).

Quelle est la taille d'un atome ?

Les atomes affichent un diamètre compris entre 0,1 et 0,5 nanomètre – soit 15 millionièmes de millimètre. Pour donner une vision plus concrète, un cheveu humain a une épaisseur d'environ un million d'atomes !

Peut-on voir un atome ?

À l'œil nu, c'est impossible ! Les atomes ayant une taille si minuscule, il fallut attendre le début des années 1970 et le développement de microscopes électroniques performants pour pouvoir les visualiser sous forme de petits points blancs diffus.

Au cœur des centrales atomiques se produit un phénomène que les Grecs, qui donnèrent son nom à l'atome, tenaient pour impossible : les plus petites particules élémentaires censées être « indivisibles » sont soumises à la fission, en libérant de l'énergie.

De quoi est composé un atome ?

Chaque atome est constitué de protons, de neutrons et d'électrons. Les protons et les neutrons forment le noyau fixe de l'atome autour duquel tournent les électrons. Ces derniers constituent l'enveloppe de l'atome, laquelle est dix fois plus grande que le noyau et se compose en majeure partie de vide. Cependant, les électrons tournent à une vitesse telle que la partie extérieure de l'atome se comporte comme s'il s'agissait d'un corps solide.

Qui a découvert l'électron ?

En 1897, Sir Joseph Thompson, un chercheur de l'Université de Cambridge, en Angleterre, découvrit que le noyau de chaque atome est entouré de couches en forme de boule (enveloppes) au sein desquelles se déplacent les électrons. Il obtint le prix Nobel de physique en 1906 pour ses travaux.

Lequel des deux est le plus lourd : l'électron ou le proton ?

La masse du proton est nettement supérieure à celle de l'électron – environ 2 000 fois plus importante. L'autre constituant du noyau, le neutron, fait le même poids, mais n'a aucune charge électrique.

Peut-on diviser un atome ?

En 1919, le scientifique Ernest Rutherford soumit des atomes d'azote à un bombardement de particules alpha et parvint à les diviser en hydrogène et en oxygène. Il démentit ainsi l'assertion des Grecs anciens, selon laquelle un atome était indivisible.

Qu'est-ce que la radioactivité ?

De par leur nature, plusieurs gros noyaux atomiques sont instables et peuvent se décomposer en atomes plus petits. Cette « dégradation » libère un rayonnement fortement énergétique dont certaines parties peuvent pénétrer tout matériau. Ce rayonnement radioactif est très nocif pour les cellules organiques.

Quels sont les différents types de rayonnement radioactif ?

Chaque élément radioactif émet différents types de rayonnements radioactifs. Les principaux sont les rayons alpha, bêta et gamma. Les rayons alpha se composent d'atomes d'hélium libérés et du fait de la masse relativement importante de ces atomes, leur portée est limitée à quelques centimètres. Les rayons bêta atteignent déjà quelques mètres. Ils se composent d'électrons qui sont libérés lors de la désintégration. Contrairement à ces rayonnements particulaires, le rayonnement gamma est de nature électromagnétique. Sa portée est longue et il ne peut être stoppé que par des matériaux très denses tels que le plomb.

Au cœur du noyau d'un atome, protons et neutrons sont étroitement agencés. Autour d'eux tournent les électrons, dont le nombre correspond exactement au nombre de protons du noyau. Leur charge électrique les maintient sur des trajectoires circulaires au sein de l'enveloppe de l'atome.

Neutron (électriquement neutre)
Proton (charge électrique positive)
Électron (charge électrique négative)

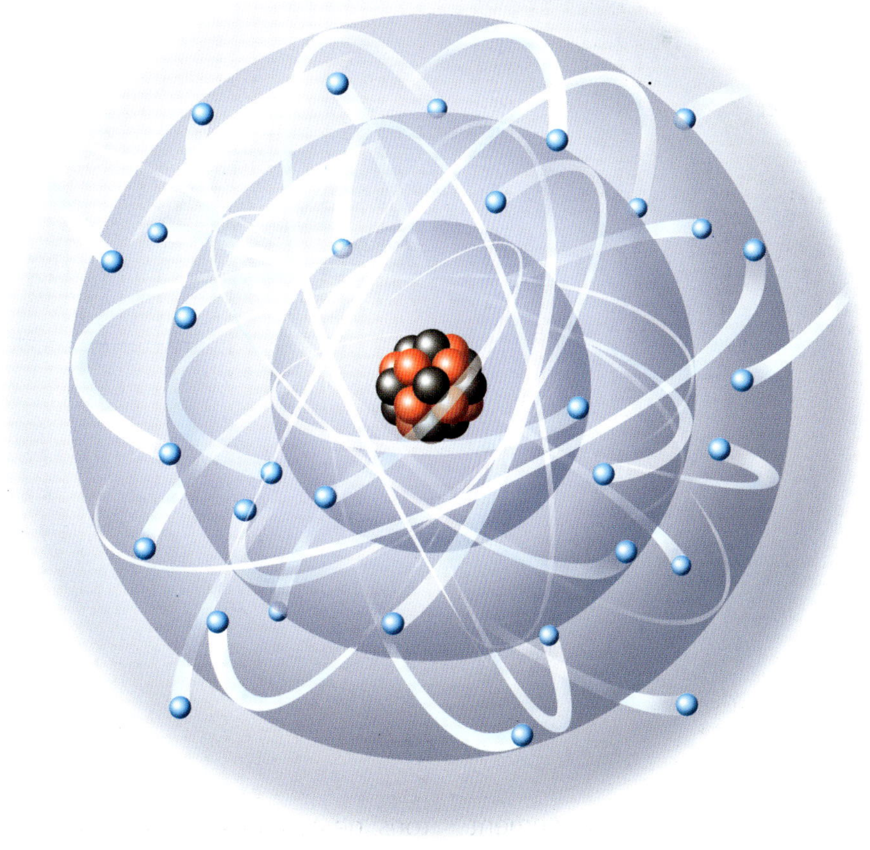

Qu'est-ce qu'un élément ?

Un élément est un corps chimique composé par un seul type d'atome, comme la silice pure ou l'or. On considère ainsi comme élément chimique uniquement un élément ne pouvant être décomposé en éléments plus petits avec diverses propriétés chimiques. Les éléments constituent les composants de base de toute matière.

Le silicium fait partie des semi-métaux et est le second élément le plus répandu sur la terre. En raison de ses propriétés semi-conductrices, il joue un rôle fondamental dans la fabrication de petits composants électroniques (puces).

Combien existe-t-il d'éléments ?

Il existe 92 éléments à l'état naturel. D'autres peuvent être synthétisés en laboratoire. Le système périodique des éléments comporte 118 éléments différents. Certains, créés artificiellement, ont une durée de vie de seulement quelques millisecondes.

Hydrogène

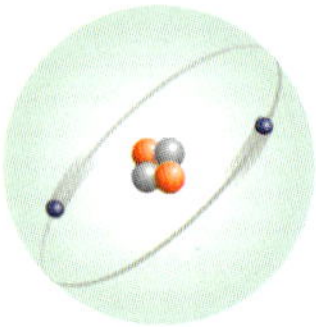

Hélium

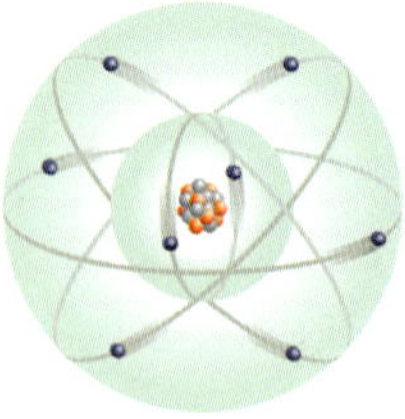

Oxygène

Pour l'hydrogène et l'hélium, l'enveloppe se compose d'une seule couche occupée par un ou deux électrons. Pour l'atome d'oxygène, huit électrons tournent autour du noyau sur deux couches.

D'où vient leur dénomination ?

Il n'y a pas de règles fixes. Certains éléments sont baptisés en fonction du nom de leur découvreur, tandis que d'autres portent des noms latins. L'élément polonium par exemple a été baptisé en hommage à la scientifique polonaise Marie Curie. Il est de plus en plus courant de nommer les nouveaux éléments en fonction du lieu de leur découverte, tel le darmstadtium – de la ville allemande de Darmstadt.

Quand les éléments furent-ils découverts ?

Certains éléments sont connus depuis la nuit des temps, notamment l'or, le cuivre et le fer. Toutefois, la majorité d'entre eux ne fut découverte qu'au cours des deux derniers siècles. Vers 1830, on distinguait 50 éléments. Au fil des 110 années suivantes, 43 supplémentaires vinrent compléter la liste existante. Les derniers furent tous ajoutés après 1940 au système périodique.

Quels sont les critères de classement des éléments ?

Même à l'époque où l'on ignorait la structure des atomes d'un élément, on pouvait calculer sa masse. Il apparut rapidement évident que celle-ci dépendait du nombre de protons dans le noyau et elle définit (du plus « léger » au plus « lourd ») la classification en fonction du numéro atomique des éléments.

Qu'est-ce que la classification périodique des éléments ?

Le système périodique organise tous les éléments chimiques selon le nombre de protons du noyau et la structure des couches électroniques en sept séries horizontales (périodes) et 18 colonnes horizontales (groupes). Généralement, les éléments se superposant dans le tableau périodique ont des propriétés semblables car leur couche de valence externe est occupée de façon homogène par quatre électrons. Les éléments situés dans la même période ont en revanche de nombreuses couches électroniques.

Qui a inventé le système périodique ?

Au milieu du XIXe siècle, on découvrit que des éléments avaient le même comportement. En 1869, le chimiste russe Dimitri Mendeleïev et l'Allemand Lothar Meyer regroupèrent – chacun de leur côté, sans connaître les travaux de l'autre –, pour la première fois, les principaux groupes d'éléments qu'ils classèrent selon leur masse atomique croissante et organisèrent en colonnes les éléments semblables.

Quels sont les éléments les plus courants et les plus rares ?

Représentant environ 50 % de la masse totale, l'oxygène est l'élément le plus représenté sur terre. La majeure partie est associée aux eaux des océans. La deuxième place est occupée par le silicium avec 28 %. Le plus rare est l'astatium, né de la désintégration de l'uranium. Il peut être synthétisé par la mise en œuvre de moyens techniques très complexes, mais il est extrêmement instable et sa durée de vie n'est que de quelques millisecondes.

Contrairement à ce que pensaient les Grecs, l'eau n'est pas un élément de base, mais se compose d'hydrogène et d'oxygène.

Peut-on changer le plomb en or ?

Les alchimistes du Moyen Âge pensaient qu'il devait être possible de nettoyer les métaux impurs courants, comme le plomb ou le fer, avec une substance secrète – la « pierre philosophale » – pour obtenir de l'or. Mais cette quête de la méthode miraculeuse resta vaine. Nombre de minerais de fer contiennent d'infimes quantités d'or, mais son d'extraction serait nettement plus élevé que la valeur de la récolte.

Les propriétés physiques d'un matériau, par exemple sa conductibilité électrique, dépendent également du nombre d'électrons sur la couche externe de l'atome. L'agencement en groupes du système périodique des éléments prend ces propriétés partiellement en compte. Ainsi, le fer et le cuivre, d'excellents conducteurs, se trouvent dans le groupe des métaux de transition, tandis que les conducteurs médiocres tels que le plomb et l'aluminium se rangent parmi les métaux pauvres.

!

Qu'est-ce que la chimie ?

La chimie est une science qui vise à étudier la structure des matières et leurs réactions les unes avec les autres.

Quand parle-t-on d'une réaction chimique ?

Si on mélange des substances, elles ne doivent pas nécessairement réagir les unes avec les autres. Si l'on secoue une bouteille d'huile et d'eau, les composants s'émulsionnent en minuscules gouttelettes, mais sans pour autant que leurs propriétés se modifient. On ne parle donc de réaction chimique que lorsque le résultat présente de nouvelles propriétés chimiques. La réaction peut se produire par explosion soudaine ou après un processus très lent.

Pourquoi certaines réactions s'accompagnent-elles d'une explosion ?

Lorsqu'il y a combustion d'une matière, celle-ci s'associe à l'oxygène de l'air en libérant de la chaleur. Si ce processus se produit soudainement, l'air afflue si rapidement qu'on le perçoit comme une explosion.

Si l'on observe dans l'éprouvette une modification de couleur ou l'apparition d'une odeur, ces manifestations peuvent être le signe d'une réaction chimique.

Qu'est-ce qu'une molécule ?

Rares sont les matières composées d'un seul élément. Même l'eau est faite de molécules d'hydrogène et d'oxygène. D'autres molécules ont des structures bien plus complexes et des tailles plus importantes. Chacune de ces liaisons atomiques a des propriétés caractéristiques et peut être supprimée par le biais d'une réaction chimique.

Les explosions constituent une forme très soudaine et violente de combustion. Outre de la chaleur et de la lumière, ces réactions chimiques libèrent de grandes quantités de gaz de combustion qui se propagent sous la forme d'une onde de choc.

Comment lit-on une formule chimique ?

Les formules chimiques représentent en abrégé la nature et le nombre des atomes impliqués dans une réaction ou quelles liaisons sont générées par le processus. Des abréviations latines servent à décrire les éléments. L'hydrogène est symbolisé par le H (hydrogenium), l'oxygène le symbole O (oxygenium). La formule chimique H_2O qui symbolise l'eau illustre que deux atomes d'hydrogène sont associés à un atome d'oxygène.

D'où vient le caractère corrosif d'un acide ?

Les acides sont des liaisons diluées dans l'eau pouvant réagir si fortement avec d'autres éléments qu'elles peuvent les désagréger. Cette corrosion est due aux atomes d'hydrogène dont les électrons (voir p. 8) ont été « captés ». Chaque molécule d'acide a des ions hydrogène à charge électrique positive (H+) cherchant au plus vite de nouvelles liaisons et ce, selon l'acide, avec de la pierre, du métal ou du verre. Concentrés, les acides acétique, chlorhydrique, sulfurique, etc., attaquent également la peau !

Que se passe-t-il lorsque le fer rouille ?

La corrosion du fer est également un exemple de réaction chimique. Ici, le fer s'allie à l'oxygène de l'air pour former de l'oxyde de fer, connu sous le nom de rouille dans le langage courant.

Contrairement à la combustion, la corrosion représente un processus lent d'oxydation. Ici, l'oxygène de l'air se dépose sur les atomes de fer. L'oxyde de fer qui résulte de cette transformation affiche une coloration rougeâtre.

À quoi reconnaît-on un métal ?

La plupart des métaux s'identifient à leur brillance et à leur nature facilement déformable. En outre, ils sont d'excellents conducteurs électriques et thermiques. Il existe environ 80 éléments chimiques métalliques. Parmi eux, on peut citer le fer, le cuivre, l'aluminium, l'or, l'argent et le platine.

Qu'est-ce qu'un alliage ?

En fusionnant plusieurs sortes de métaux, on obtient un alliage. Souvent, il est doté de propriétés physiques plus intéressantes : par exemple, il conduit mieux la chaleur ou s'oxyde moins rapidement. Le premier alliage réalisé par les hommes fut le bronze, une association de cuivre et de zinc. Dès l'an 3000 av. J.-C., il servait à fabriquer des outils, des armes et d'autres appareils.

Les processus de fusion jouent un rôle fondamental dans le cadre de l'extraction des métaux et de la production d'alliages. Dans un premier temps, les minerais de fer doivent être portés au point de fusion du métal dans des fours spéciaux, de façon à en extraire la matière première sous forme liquide.

L'or (symbole chimique : Au) fait partie des métaux nobles. Avec l'argent et le platine, il s'agit du seul métal qui existe dans la nature à l'état solide (pur).

Qu'est-ce qu'un minerai ?

Hormis l'or, l'argent et le platine que l'on trouve également à l'état pur, les métaux ne sont présents dans la nature que sous forme de minerais. Au cœur de ces roches, des matières telles que soufre, charbon ou oxygène se déposent sur le métal. Afin d'extraire l'élément pur, on concasse le minerai et le chauffe jusqu'à ce que le métal fonde et s'écoule de la roche. Les gisements se trouvent à diverses profondeurs dans le sol.

Quel est le métal le plus courant ?

Environ 8 % de la croûte terrestre se compose de bauxite, un minerai dont on tire un métal, l'aluminium.

Quel métal est le plus lourd ? Lequel est le plus léger ?

Le métal le plus lourd est l'osmium, d'une densité de 22,6. Il est extrêmement dur et résistant. En revanche, l'oxyde d'osmium est très toxique, donc rarement utilisé sous sa forme pure. Le métal le plus léger est le lithium de 0,5 de densité seulement. Comme il réagit facilement en présence d'autres substances, on le trouve rarement sous sa forme pure. On s'en sert pour la fabrication de piles hautes performances.

Qu'est-ce que la densité ?

La densité constitue une valeur de référence permettant de visualiser le poids d'un élément. L'on compare l'élément ou le matériau à l'eau à laquelle on attribue une densité de valeur 1. Ainsi, si le fer affiche une densité de 7,8, cela signifie qu'il est 7,8 fois plus lourd que l'eau.

Pourquoi l'acier est-il plus lourd que le fer ?

Le fer brut, extrait par la fusion du minerai de fer, contient encore jusqu'à 3 % de carbone, de sorte qu'il reste cassant. Aussi, l'on insuffle de l'oxygène pur dans le fer liquide, lequel se lie au carbone pour former du dioxyde de carbone qui s'échappe. Le résultat donne de l'acier, à l'élasticité et à la dureté accrues.

Combien pèse la plus grosse pépite d'or ?

En 1858 fut découverte dans les champs aurifères de Ballarat, en Australie, une pépite d'or de près de 57,3 kg, baptisée « Welcome Nugget » (la pépite bienvenue).

Le charbon traditionnel ne fournit pas les bonnes températures afin d'extraire le fer pur du minerai de fer. Aussi, de différents processus permettent de le transformer en coke pour être chargé dans les hauts fourneaux.

Qu'est-ce que l'état d'agrégation ?

Dans le principe, non seulement l'eau, mais aussi tous les éléments peuvent avoir trois états différents : l'état solide, liquide et gazeux. Les éléments solides ont une forme et des volumes propres. Leurs molécules sont disposées de façon fixe et ordonnée les unes à côté des autres, liées par des forces d'attraction. si la matière passe à l'état liquide, elle a certes un volume, mais n'a plus de forme propre. Les molécules sont encore liées les unes aux autres mais se déplacent librement dans la zone des forces contraires. Les gaz n'ont ni forme, ni volumes. Leurs molécules se déplacent librement dans l'espace. Le passage d'un état à un autre se fait soit par réchauffement, soit par refroidissement de la matière.

Solide

Liquide

Gaz

De quoi est composé l'air ?

L'air est un mélange gazeux composé à 78 % d'azote, de 21 % d'oxygène et d'environ 1 % d'argon. Le reste se répartit entre éléments tels que le dioxyde de carbone, la vapeur d'eau, l'hélium et le néon.

Quel est le gaz le plus répandu dans l'univers ?

L'hydrogène est sans conteste le gaz le plus répandu dans l'univers. Il est présent dans notre soleil et dans nombre d'autres étoiles. Sur terre, on ne le trouve quasiment qu'en association avec l'oxygène, c'est-à-dire sous forme d'eau.

Cette représentation schématique illustre les trois états d'agrégation : à l'état solide, les molécules sont agencées fixement selon une grille ; à l'état liquide, elles se déplacent jusqu'à certaines limites et enfin, sous forme de molécules gazeuses, elles circulent librement.

Sur la Terre, l'élément hydrogène est présent presque uniquement sous forme combinée dans la molécule d'eau (H_2O). Les océans représentent l'essentiel des réserves d'eau ; une partie est stockée dans les calottes polaires sous forme de glace et le reste tourne autour de la planète sous forme nuageuse.

Pourquoi l'oxygène est-il si important pour nous ?

Il sert à brûler les éléments nutritifs pour fournir de l'énergie. Une fois inspiré, il accède au circuit sanguin par les poumons et atteint ainsi toutes les régions du corps.

Qu'est-ce que le gaz hilarant ?

Le gaz hilarant est utilisé pour les anesthésies de courte durée. Il s'agit d'un gaz appelé protoxyde d'azote (N_2O). Il doit son nom au fait qu'entre l'insufflation du gaz et l'endormissement des patients, ceux-ci passent par une phase euphorique.

Tous les gaz ont-ils le même poids ?

Non. Par exemple, le dioxyde de carbone est un gaz lourd et inodore qui s'accumule au niveau du sol dans les pièces non aérées. L'hélium en revanche est plus léger que l'air et ne cesse de s'élever.

Quel gaz est utilisé pour les montgolfières et les dirigeables ?

Autrefois, avec les zeppelins, l'on utilisait de l'hydrogène, lequel s'enflamme très facilement. Après plusieurs catastrophes, il fut remplacé par l'hélium. Il est certes plus lourd, mais ininflammable.

Pourquoi sent-on parfois une odeur d'œuf pourri ?

Le gaz responsable de cette « odeur de boule puante » porte le nom d'hydrogène sulfuré. Certaines bactéries de putréfaction produisent ce sulfure d'hydrogène.

Outre d'autres gaz tels que l'éthane et le propane, le gaz naturel contient pour partie du méthane. À l'instar du pétrole, il est extrait de gisements souterrains, puis acheminé via de longs pipelines jusqu'au consommateur final.

Lois fondamentales

Tout le monde connaît les lois fondamentales qui régissent les relations entre les hommes, c'est-à-dire fixant notamment les droits et les devoirs. En revanche, les lois de la nature constituent un domaine de recherche important et permanent. Depuis des milliers d'années, les scientifiques tentent d'étudier les différentes forces de la nature et de déterminer les règles auxquelles elles obéissent. Seules des observations isolées et des expériences qui confirmèrent ou infirmèrent les hypothèses ont permis de déceler des phénomènes tels que l'électricité, la lumière ou le son. Aujourd'hui encore, les scientifiques mettent en évidence de nouveaux principes naturels.

Qu'est-ce que l'électricité ?

Les charges électriques jouent un rôle essentiel dans tous les processus électriques. Ces charges apparaissent lorsque des électrons libres se déplacent d'un atome à un autre. Ce mouvement est appelé électricité.

Où trouve-t-on de l'électricité ?

On trouve de l'électricité presque partout. L'exemple le plus célèbre reste sûrement l'éclair. Et le corps humain également ne peut fonctionner sans électricité. Toutes les informations du cerveau sont transmises par le biais d'impulsions électriques. Sans elle, ni le cerveau ni les muscles ne fonctionneraient et le cœur ne pourrait pas battre.

Comment est né le concept d'« électricité » ?

Le mot « électricité » vient du mot grec elektron signifiant ambre jaune. Vers 600 av. J.-C., le savant grec Thalès de Milet découvrit qu'après avoir été frotté, un morceau d'ambre avait la faculté d'attirer des petits bouts de liège et des plumes.

D'où viennent les éclairs ?

Les éclairs naissent dans les nuages d'orage. Avec les vents ascendants, la partie supérieure des nuages se charge positivement et des charges négatives s'accumulent dans la partie basse. Une fois le différentiel suffisant, l'éclair éclate, permettant aux charges de se répartir à nouveau de façon homogène.

Lors d'un orage, une énorme tension électrique se libère.

Aujourd'hui, en nombre d'endroits, le paysage est marqué de la présence d'installations destinées à l'alimentation en électricité, telles que stations de transformation, lignes à haute tension et centrales.

Qu'est-ce qu'un conducteur ?

On appelle conducteur un matériau au travers duquel l'électricité peut circuler. Tous les matériaux ne sont pas de bons conducteurs électriques. Le plastique ne conduit quasiment pas l'électricité, alors qu'elle circule facilement dans les métaux. C'est la raison pour laquelle les lignes électriques et les paratonnerres sont souvent fabriqués en cuivre.

Pourquoi les métaux conduisent-ils l'électricité ?

Les métaux contiennent de nombreux électrons libres, capables de passer d'un atome à l'autre, ce qui en fait d'excellents conducteurs. Mais contrairement aux métaux, le caoutchouc ou le plastique par exemple ne contiennent que très peu d'électrons libres. C'est pourquoi ils font de piètres conducteurs.

Qu'est-ce qu'un isolant ?

On appelle isolants les matériaux qui ne conduisent pas l'électricité. On peut citer le plastique, le caoutchouc, le papier, le diamant et quelques gaz. Souvent, les lignes électriques et les prises sont entourées de plastique. Il permet à l'électricité de ne circuler que le long du câble de cuivre et empêche la formation d'un court-circuit issu du contact de la ligne avec un autre matériau conducteur.

Comment fonctionne un circuit électrique ?

L'électricité ne peut circuler qu'en circuit fermé. Aussi, lorsqu'on relie une pile à une ampoule, la lampe ne s'allume qu'une fois la connexion établie entre le second raccordement de l'ampoule et l'autre pôle de la pile.

Qui a fabriqué la première pile ?

La première pile est l'œuvre de l'Italien Alessandro Volta. Vers l'année 1800, il fabriqua la pile à colonne de Volta. Elle se composait de plusieurs disques de zinc et de cuivre entre lesquels il intercala des morceaux de tissu imbibé de saumure. Volta inventa donc le premier appareil de stockage d'électricité libérant de l'énergie sur la durée. C'est pourquoi depuis 1897, l'unité de mesure de la tension électrique est le volt (V) – en hommage à l'inventeur.

Pourquoi une lampe produit-elle de la lumière ?

Son ampoule en verre renferme un filament à incandescence enroulé en hélice. Si l'on fait passer de l'électricité par le filament, sa température augmente tant qu'il commence à émettre une lueur, car le filament à incandescence offre une résistance. Il ne peut transporter autant d'énergie que ne lui en apporte la ligne électrique. C'est pour cela qu'il chauffe.

Comment l'électricité arrive-t-elle chez nous ?

Produite dans des centrales, elle est transportée jusqu'aux villes par des lignes à haute tension. La tension de transport est abaissée de 400 000 à 11 000 volts. L'électricité est ensuite acheminée vers des nœuds de distribution pour les industries et les foyers. S'y raccordent d'autres distributeurs qui abaissent la tension à 230 volts avant de transporter le courant jusqu'aux habitations.

Quand la lumière électrique a-t-elle été découverte ?

En 1878 et 1879, par le Britannique Joseph Swan et l'Américain Thomas Alva Edison. Les premiers lampadaires furent transformés dès 1880 pour passer d'un fonctionnement au gaz à un fonctionnement électrique.

Le monde industriel nécessite des puissances électriques bien supérieures à celles utilisées dans les foyers. C'est pourquoi l'électricité doit être amenée progressivement, étape par étape, jusqu'à la puissance souhaitée, par le biais des lignes de transport électriques.

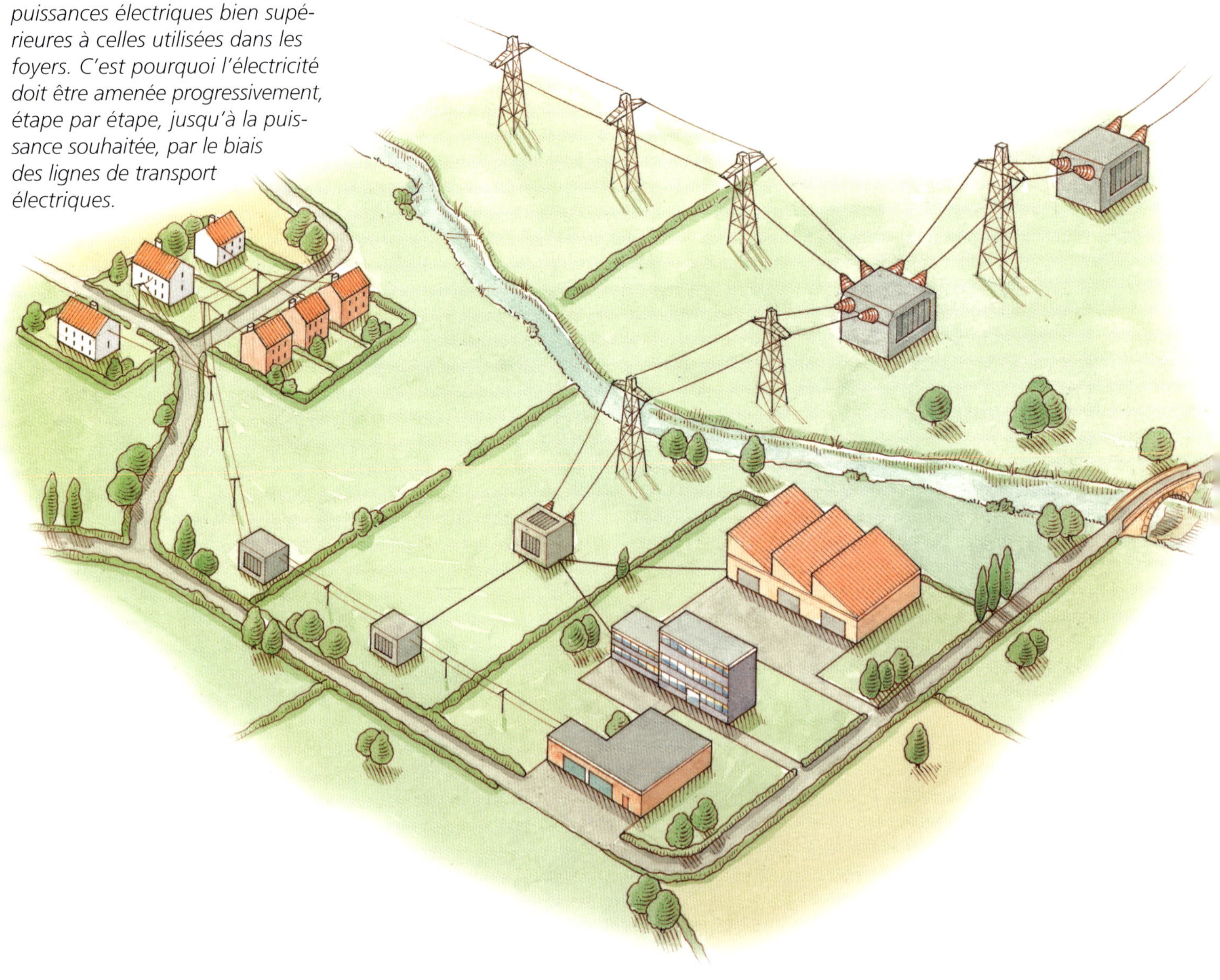

Qui a inventé le paratonnerre ?

C'est Benjamin Franklin en 1752. Pendant un orage, il fit voler un cerf-volant attaché à un fil de métal et observa que les éclairs frappaient tout d'abord le fil.

Comment fonctionne un paratonnerre ?

Un paratonnerre est généralement tout simplement composé d'une épaisse tige de métal, placée au sommet d'un bâtiment. Comme le métal conduit mieux l'énergie électrique que le matériau composant le bâtiment, l'éclair frappe d'abord la pièce de métal la plus proche, à savoir le paratonnerre. Celui-ci éloigne ensuite l'énergie du bâtiment pour la conduire dans la terre.

Quel est le principe d'un interrupteur ?

Un interrupteur permet de réguler l'alimentation électrique d'une lampe ou de tout autre appareil électrique. Dès qu'on appuie sur l'interrupteur, un circuit se forme, au travers duquel l'électricité circule. Si l'on actionne à nouveau l'interrupteur, le courant électrique est à nouveau interrompu.

Qu'est-ce qu'un fusible ?

Les fusibles protègent les circuits électriques de surtensions. Si, dans le cas d'un court-circuit, la puissance électrique augmente fortement en un instant, le fusible interrompt automatiquement le circuit électrique, de façon à éviter les dommages. Les fusibles simples se composent d'un simple fil électrique. Selon la puissance du fusible, celui-ci affiche différentes épaisseurs. Si l'électricité dépasse le niveau normal, ce fil se met à chauffer et finit par fondre au bout d'un certain moment. Cela interrompt le circuit électrique.

Comment fabrique-t-on de l'électricité ?

L'électricité est produite par un générateur, lorsqu'une énergie cinétique est transformée en énergie électrique. Dans chaque générateur se trouve une bobine de fil située au centre d'un champ magnétique. Lorsque la bobine tourne, une tension est générée dans le fil. Cet effet est appelé induction.

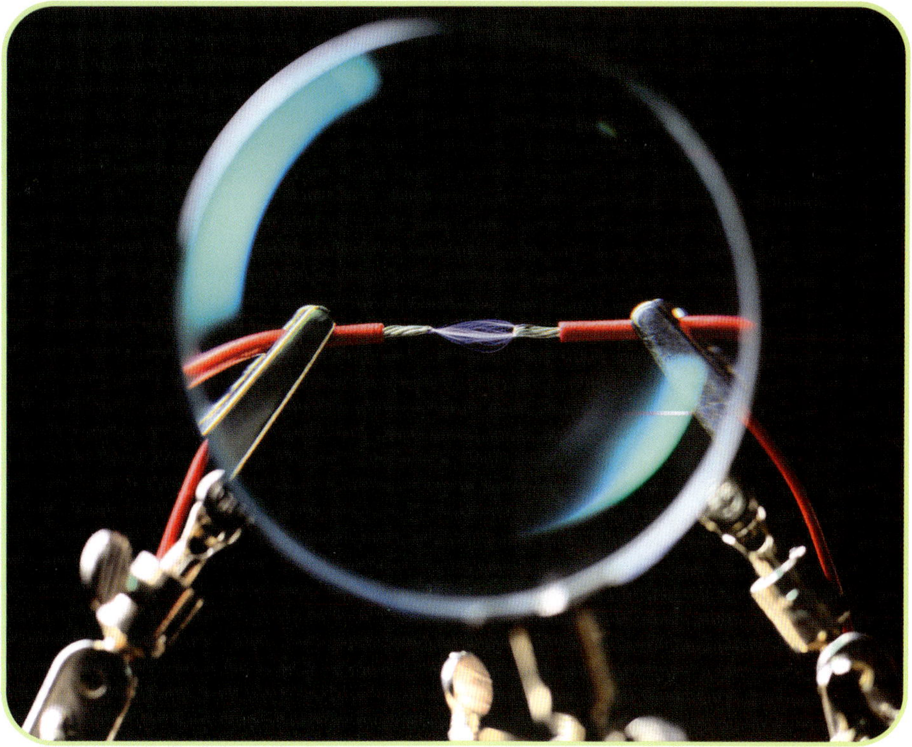

Un éclair miniature se forme entre les deux lignes conduisant de l'électricité.

Dans les métropoles d'aujourd'hui, des millions d'ampoules déchirent l'obscurité toutes les nuits.

Comment naît le son ?

Le son est produit par des vibrations. Ainsi, lorsque l'on frappe deux couvercles de casseroles l'un contre l'autre, cela produit un son de ferraille et entraîne des vibrations. Celles-ci sont transmises par l'air, mais aussi l'eau ou des matériaux solides comme un mur par exemple, jusqu'à l'oreille humaine.

Qu'est-ce qu'une fréquence ?

Une vibration se compose d'un mouvement aller et retour. Le nombre de vibrations ou fréquence décrit la quantité de vibrations effectuées en une seconde. L'unité de mesure de la fréquence est le hertz (Hz) – du nom du physicien allemand Heinrich Hertz qui les découvrit. Pour une onde sonore, une fréquence de un hertz (Hz) signifie qu'elle réalise une vibration en l'espace d'une seconde. L'électricité de la prise électrique « vibre » à une fréquence de 50 Hz. Si l'alimentation électrique d'une chaîne hi-fi est mal isolée, on pourra entendre cette vibration via le haut-parleur sous la forme d'un vrombissement.

Comment un bruit parvient-il à l'oreille ?

La chute d'une tasse produit un bruit. À l'endroit où la tasse touche le sol, l'air est repoussé. Il se comprime et cette couche de pression élevée se répand vite dans toutes les directions en émettant des ondes. Les ondes sonores qui font vibrer le tympan pavillon de l'oreille. Ces vibrations sont ensuite transmises jusqu'au cerveau par l'organe de l'audition.

Quelle est la vitesse du son ?

La vitesse du son dépend fortement de la matière dans laquelle celui-ci se propage. Par exemple, tandis qu'il atteint dans l'air la vitesse de 300 mètres par seconde, le son se propage à plus de 1 400 mètres par seconde lorsqu'il est dans l'eau. La température et la météo influent également sur la vitesse de l'onde sonore.

Les amplificateurs servent par exemple à ce que le son d'une guitare soit audible dans de grandes salles.

Ancêtre des chaînes hi-fi modernes, le gramophone était doté d'un grand pavillon, de sorte qu'on puisse entendre la musique du disque en cire.

Que signifie mur du son ?

Le mur du son est l'appellation imagée pour la forte augmentation de la résistance de l'air qui se produit lorsque la vitesse du son est atteinte par un engin, généralement un avion de chasse. Ce faisant, l'air est brutalement comprimé et simultanément, sa vitesse, sa pression et sa température se modifient tout aussi soudainement. Des ondes de choc se manifestent à divers endroits de l'avion et une onde de tête à l'avant de l'appareil. Lorsque le mur du son est franchi, les ondes sonores restent derrière l'avion.

Le son se compose d'ondes se propageant dans l'air. Lorsque ces vibrations rencontrent notre oreille, nous entendons le son. Les vibrations très lentes, en dessous des sons bas, sont appelées infrasons, que nous ne pouvons percevoir. De la même façon, nous n'entendons pas les sons très élevés, les ultrasons. Toutefois, si la fréquence sonore reste dans la plage des vibrations harmoniques, soit entre 16 000 et 20 000 hertz, nous la ressentons comme un son.

!

Comment mesure-t-on le volume sonore ?

Le volume sonore est mesuré en décibels (dB). À zéro dB, nous commençons à percevoir un bruit. 20 dB correspondent à un murmure, 40 dB à une conversation normale, 60–80 dB au bruit de la rue. Tous les bruits supérieurs à 70 dB peuvent endommager le système nerveux.

Qu'est-ce qu'un sondeur acoustique ?

Les sondeurs acoustiques sont essentiellement utilisés dans la navigation. Ils permettent de déterminer la profondeur, d'éviter les collisions, de repérer les épaves et de détecter les bancs de poisson. Un sondeur envoie un son et mesure le temps écoulé jusqu'à ce que les ondes sonores reviennent. À partir de ce délai, le sondeur calcule la distance par le biais de la vitesse du son.

Qu'est-ce que l'acoustique ?

L'acoustique est la science des vibrations et des ondes et elle traite la plage de fréquences audibles, entre 16 000 à 20 000 Hz. C'est pourquoi les médecins appellent également le nerf auditif, nerf acoustique.

Qui a enregistré des ondes sonores pour la première fois ?

L'ingénieur américain Thomas Alva Edison, lequel inventa également l'ampoule à incandescence, fabriqua un phonographe, le premier appareil capable d'enregistrer puis de restituer le son.

Un micro placé dans l'écouteur téléphonique transforme les ondes sonores du locuteur en impulsions électriques qui sont ensuite transmises au haut-parleur d'un autre téléphone.

Qui était Isaac Newton ?

Sir Isaac Newton est un savant anglais qui vécut de 1643 à 1727. Il est considéré comme le fondateur de la physique classique théorique. Newton réunit toutes les contributions de Galilée (mesures de la chute libre), de Huygens (mesures à partir d'un pendule), de Kepler (mesures de l'orbite des planètes) et de bien d'autres savants encore dans un système mécanique fermé et formula la loi de la gravitation universelle. Grâce à cette loi, il est possible d'organiser et de prévoir tous les phénomènes physiques de la terre et les mouvements des corps célestes.

Comment Isaac Newton découvrit-il la gravité ?

Vers l'an 1666, Isaac Newton, retiré dans le jardin de sa maison natale, était en train de somnoler, allongé à l'abri d'un pommier. Soudain, une pomme lui tomba sur la tête. On dit que cette pomme déclencha en lui un éclair de génie, le conduisant à l'une des découvertes les plus fondamentales de l'histoire de la physique, la loi de la gravitation universelle.

Qu'est-ce que la gravité ?

Par « gravité », on décrit la propriété universelle qu'ont tous les corps physiques de s'attirer réciproquement. La force d'attraction de deux corps est fonction de leur masse et de leur éloignement.

L'image des astronautes américains après le premier alunissage a fait le tour du monde. Tout aussi impressionnant que cette performance, le déplacement des hommes sur la Lune, laquelle affiche une gravité inférieure à celle de la Terre.

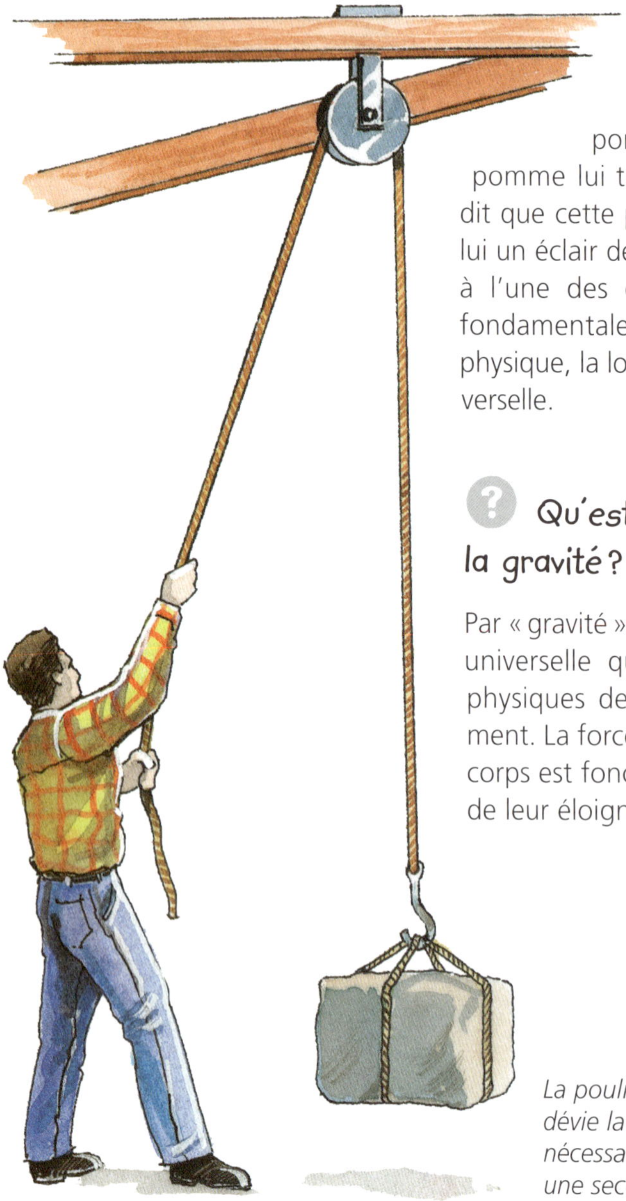

La poulie est un exemple de machine simple. Ici, elle dévie la gravité, sans pour autant réduire la force nécessaire à déployer. Pour cela, il faudrait ajouter une seconde poulie mobile.

Quelle est la force de la gravité ?

Plus la masse, voire le poids, d'un corps est important, plus sa force d'attraction en résultant est puissante. En conséquence, la Terre est dotée d'une force d'attraction supérieure à celle de la Lune et celle du Soleil supérieure à celle de la Terre. La puissance de la force d'attraction est influencée par la distance entre les corps. Ainsi, plus deux corps sont rapprochés, et plus la force d'attraction est importante.

Pourquoi les planètes tournent-elles autour du Soleil ?

Les corps spatiaux exercent également une force d'attraction. Toutes les planètes – y compris la Terre – tournent dans le sens des aiguilles d'une montre autour du Soleil et ne sont maintenues sur leur orbite que par la gravité du Soleil.

Y a-t-il une gravité dans l'espace ?

La télévision nous offre régulièrement des images d'astronautes flottant en apesanteur dans des vaisseaux spatiaux. Les astronautes ne peuvent pas tomber, car il n'y a aucune gravité à bord des vaisseaux.

Les astronautes peuvent-ils flotter autour de la Terre ?

Oui. Dès que leur capsule ou station spatiale se positionne sur l'orbite terrestre, les astronautes peuvent en sortir sans être attirés vers le bas et ce, grâce à la force centrifuge.

Ce parachutiste semble flotter au-dessus de la terre, en état d'apesanteur. Mais l'impression est trompeuse. En réalité, il tombe à une vitesse de plusieurs centaines de kilomètres par heure.

Qu'est-ce qu'un aimant ?

Un aimant est un morceau de métal attirant d'autres substances. Chaque aimant se compose de deux pôles, un pôle Sud avec une charge négative et un pôle Nord, avec une charge positive. Entre les deux circulent des lignes invisibles de champ. Elles constituent ce qu'on appelle le champ magnétique. Si l'on rapproche les pôles opposés de deux aimants, donc le pôle Sud du pôle Nord, on constate que les deux s'attirent. En revanche, si l'on rapproche deux pôles Sud ou deux pôles Nord, ceux-ci se repoussent.

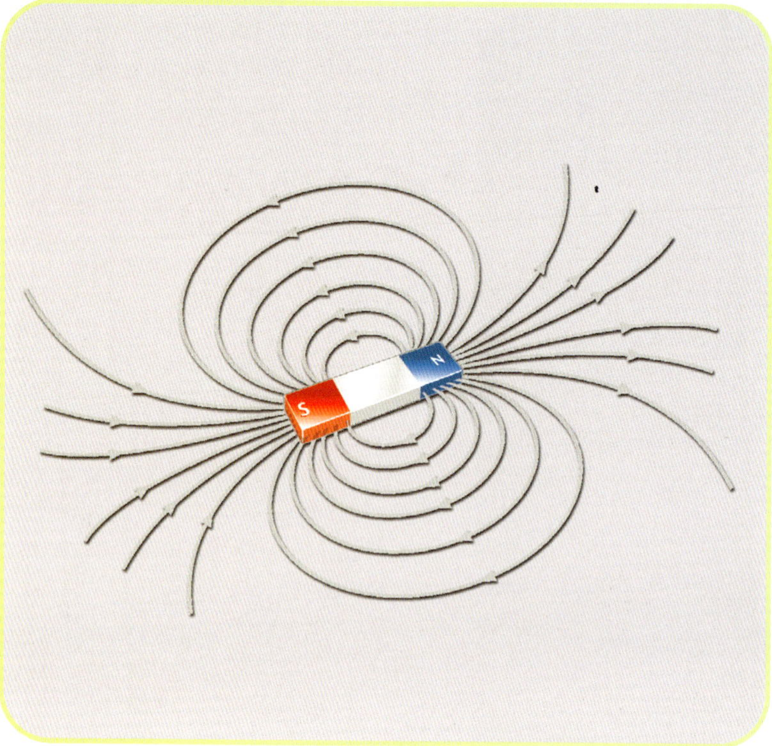

Les lignes de champ d'un aimant suivent toujours la trajectoire la plus courte du pôle Nord à charge positive vers le pôle Sud à charge négative.

À quoi ressemblent les lignes de champ ?

On ne peut pas voir les lignes de champ magnétique. Elles s'étirent toujours entre le pôle positif et le pôle négatif d'un aimant. Mais il est possible de les visualiser. À cet effet, il suffit de disposer un aimant droit et de la limaille de fer sur un carton. Dès que l'on tape légèrement sur le carton, la limaille s'agence sur le carton en suivant les lignes magnétiques.

Peut-on diviser un aimant ?

Si l'on divise un aimant, chaque morceau deviendra à son tour un aimant à part entière, avec un pôle Sud et un pôle Nord.

Le gyrocompas offre davantage de précision qu'une simple boussole. S'il est mis en rotation, son axe s'oriente toujours parallèlement à l'axe de la Terre.

Qu'est-ce que le magnétisme ?

Déjà les Grecs anciens avaient découvert que certains métaux avaient la faculté d'attirer ou de repousser d'autres substances, dès que celles-ci se trouvaient à proximité. Cet effet est appelé magnétisme. Il se manifeste toujours lorsque des charges électriques se déplacent : lorsque des électrons circulent dans un conducteur.

D'où vient l'appellation « magnétisme » ?

Les termes magnétisme/magnétique sont dérivés du nom d'une région de Macédoine appelée Magnesia. Les Grecs anciens furent les premiers Européens à y découvrir des roches magnétiques en grandes quantités.

Qui a inventé la boussole ?

La boussole a été inventée en Chine, il y a plus de 2 000 ans. Elle se composait alors d'un morceau de roche magnétique pendue à un fil. Et elle indiquait le Sud. La boussole n'arriva sur le continent européen qu'en 1190, à bord des navires de commerce arabes.

Pourquoi une boussole indique-t-elle le Nord ?

L'aiguille de la boussole est un petit aimant. Elle est fixée de façon à pouvoir pivoter librement, et s'oriente automatiquement le long des lignes du champ magnétique terrestre. C'est pourquoi l'aiguille de la boussole indique presque toujours le Nord.

Quel est le plus gros aimant ?

Le plus gros aimant est la Terre elle-même. Exactement comme un petit aimant métallique, elle a un pôle Sud et un pôle Nord magnétiques. Ils sont situés à proximité des pôles Nord et Sud géographiques. Le champ magnétique terrestre protège les humains des rayonnements dangereux du Soleil.

La boussole a considérablement simplifié les voyages maritimes. Les marins ne dépendant plus des étoiles pour la navigation, ils avaient désormais la possibilité de mettre le cap directement sur leur destination.

Les jumelles binoculaires permettent de regarder avec les deux yeux. Les objets éloignés apparaissent alors plus grands.

En quoi les premières lunettes étaient-elles faites ?

Les premières lunettes ont été polies vers 1295 en Italie. Mais on ne pouvait pas encore fabriquer de verre sans stries, ni bulles d'air. Or celles-ci procuraient une sensation désagréable. Aussi les verres ont-ils été fabriqués à partir des minerais de cristal de plomb et de béryl.

Qu'est-ce qu'une lentille ?

Les lentilles optiques dévient les rayons lumineux. Elles les concentrent ou les dispersent. À l'inverse de la lentille d'un microscope ou d'un appareil photo, la lentille de nos yeux, le cristallin, est déformable. Lorsque l'on observe un objet proche, le cristallin s'arrondit complètement, pour que la lumière frappe la rétine du globe oculaire. Lorsqu'on observe un objet au loin, le cristallin s'aplatit. Avec l'âge, le cristallin se rigidifie, de sorte qu'il ne s'arrondit plus que difficilement. On parle alors de presbytie liée à l'âge.

Comment peut-on faire un feu sans allumette ?

Il suffit de placer un petit morceau de papier par terre et de maintenir une loupe au-dessus. La loupe doit être orientée de façon à concentrer tous les rayons du soleil sur un point du papier. La petite tâche éblouissante commence rapidement à fumer, puis brûle. Mais, par prudence, il convient lors de cette expérience, d'avoir un seau d'eau à proximité.

Quel est le point commun entre la lumière et la mer ?

Toutes deux sont constituées d'ondes, c'est-à-dire des mouvements vers le haut et vers le bas, se succédant à intervalles réguliers. Cet intervalle est appelé fréquence.

Pour les spectateurs des tribunes, l'action sur le terrain du stade n'est vraiment intéressante qu'au travers d'une paire de jumelles.

Qu'est-ce que l'ombre ?

Les rayons du soleil sont toujours droits. Lorsqu'ils rencontrent une personne, par exemple, l'ombre marque la surface où la personne les bloque. Et comme le soir la lumière frappe la Terre selon un angle très plat car le soleil est bas, l'ombre s'allonge. À midi, au niveau de l'équateur, la même personne n'a pas d'ombre.

Une loupe agrandit les petits objets. Ainsi, des détails que l'on ne peut distinguer à l'œil nu deviennent visibles.

Pourquoi la neige aveugle-t-elle ?

Lorsque le soleil brille sur la neige blanche, on est aveuglé. Ce phénomène est lié à la réflexion. À l'instar d'un miroir, la neige renvoie une partie du rayonnement solaire.

Pourquoi transpire-t-on dans un t-shirt noir ?

Le contraire de la réflexion s'appelle l'absorption. Les objets noirs absorbent presque intégralement la lumière. Et la lumière solaire se transforme en chaleur. C'est pour ça qu'on transpire plus vite dans un t-shirt noir que dans un t-shirt blanc.

Qu'est-ce que la matière ?

Une masse ou plus simplement un objet est considéré comme de la matière. Pour la physique classique, la matière était la substance remplissant l'espace. La physique atomique considère la matière comme l'interaction des ondes et des particules.

Que sont les champs ?

En physique, un champ est un espace dont on peut mesurer des propriétés physiques. Il existe par exemple des champs magnétiques, de force et électriques.

Qu'est-ce que la mécanique classique ?

La mécanique classique – également appelée mécanique newtonienne – est la physique des objets quotidiens, mobiles. La mécanique permet d'expliquer par exemple le phénomène de la chute libre des objets et de prévoir les mouvements planétaires.

Que signifie « euclidien » ?

Cet adjectif signifie « selon les lois de la géométrie euclidienne », laquelle a été ainsi baptisée du nom du mathématicien grec Euclide. Ainsi parle-t-on en mathématiques d'un espace euclidien et on évoque alors par exemple le principe selon lequel la somme des angles internes d'un triangle est toujours égale à 180 °.

Le télescope spatial Hubble contemple le passé : il reçoit la lumière d'étoiles disparues depuis longtemps.

Que signifie « dimension » ?

Une ligne a une seule dimension (longueur), une surface deux dimensions (longueur et largeur) et un corps ou un espace trois dimensions (longueur, largeur et hauteur). En physique, la notion de « dimension » décrit la relation d'une grandeur par rapport aux grandeurs de référence d'un système de mesure. Par exemple, la dimension de la vitesse est « distance/temps ».

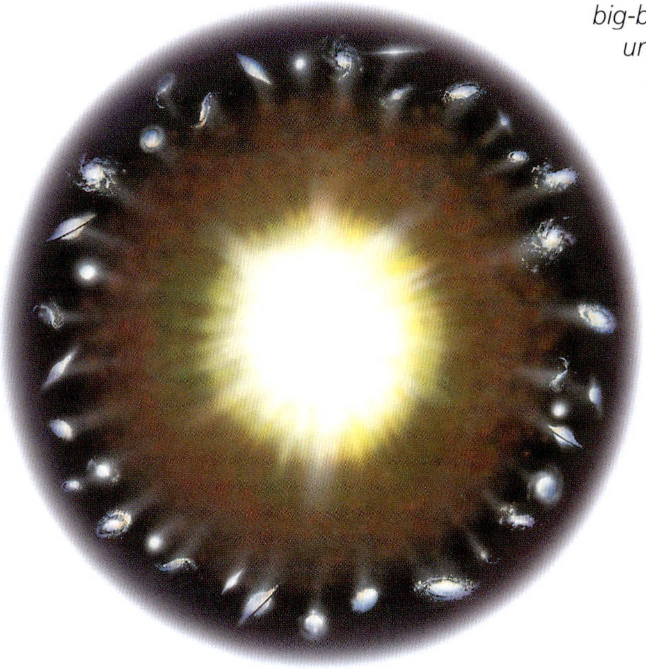

On se représente le big-bang comme une décharge énergétique d'une puissance phénoménale.

Qu'énonce l'hypothèse de Mach ?

Selon le physicien et philosophe autrichien Ernst Mach (1838–1916), l'espace n'est généré que par la matière. De la sorte, il ne peut exister d'espace sans matière.

La vie extraterrestre est pour nous inaccessible, même si nous pouvions voyager à la vitesse de la lumière. Nous ne pourrions atteindre d'autres galaxies qu'au moyen d'un vaisseau dit générationnel.

Qu'est-ce que la vitesse de la lumière ?

La vitesse de la lumière décrit la vitesse de propagation de la lumière dans un espace entièrement dépourvu d'air. Elle s'établit à 300 000 km par seconde.

Existe-t-il de la lumière invisible ?

La fréquence de la lumière définit les couleurs que nous voyons. Les ondes longues sont perçues comme rouges, les courtes comme violettes. La lumière dotée d'une fréquence supérieure est invisible pour l'œil humain. On l'appelle lumière infrarouge. La lumière dotée d'une fréquence plus courte est appelée ultraviolet, et il nous est également impossible de la percevoir. Toutefois, elle est susceptible de provoquer des coups de soleil.

Quand le temps spatial a-t-il commencé ?

Il est communément supposé que le temps spatial a débuté au moment du big-bang, une décharge énergétique d'une puissance phénoménale qui se serait produite il y a environ 15 milliards d'années et qui représente l'origine de l'univers. De cette énergie sont nées toutes les particules élémentaires et les différentes forces de l'espace, la gravité par exemple. Mais on ignore encore ce qu'il y avait avant le big-bang et d'où cette énergie provenait.

Inventions

La technique est la capacité de l'homme à appliquer de façon pertinente les lois de la nature, les forces et les matières premières, afin d'assurer ou de transformer les fondements de son existence. Alors qu'autrefois, le terme de technique ne recouvrait que les évolutions d'outils simples, telles que l'invention de la roue, de la charrue ou la possibilité de travailler le fer, jusqu'au Moyen Âge, l'artisanat resta la principale branche de la technique. Seule l'invention des machines marqua l'avènement de la révolution industrielle. Elle fut possible grâce à l'application ciblée de connaissances scientifiques. Aujourd'hui, la technique domine notre vie. Sans elle, rien n'est plus vraiment possible.

Qu'est ce que le temps ?

Le temps est une unité de mesure par laquelle la durée d'un événement est définie. Il est mesuré en secondes, minutes, heures, jours, semaines, mois et années. Il nous permet de déterminer la succession chronologique des actions et des événements.

Comment mesure-t-on le temps ?

Le temps est mesuré à l'aide d'horloges. Elles divisent la journée en 24 heures de 60 minutes chacune. Chaque minute compte 60 secondes.

Pourquoi une journée a-t-elle 24 heures ?

Cette division vient des Babyloniens chez qui le système sexagésimal (à 6 chiffres) jouait un rôle particulier. Tout ce qui avait rapport au nombre 6 revêtait une importance spécifique. Ainsi une journée compte 4 fois 6 (24) heures, de 60 minutes chacune, lesquelles se divisent aussi en 60 secondes. Une division arbitraire et sans aucun fondement scientifique.

À quoi ressemblaient les premières montres ?

La première ressource qui permit de déterminer le temps fut le soleil. Vers l'an 3000 av. J.-C., les Chinois mesurèrent pour la première fois le temps en plantant un bâton dans la terre, en dessinant un cercle autour, puis en plaçant des repères à intervalles réguliers. Enfin, ils mesurèrent la distance parcourue par l'ombre tout autour de la circonférence.

Les sabliers sont connus depuis la fin du XIIIe/début du XIVe siècle. Deux globes de verres reliés par un tube fin sont insérés dans un support. Pour mesurer le temps, il suffit de laisser s'écouler une quantité définie de sable du globe supérieur dans le globe inférieur.

Les horloges des clochers existent depuis environ la fin du Moyen Âge. Comme à cette époque les horloges étaient très chères, les habitants d'un lieu pouvaient se régler sur l'horloge du village. Le plus souvent, ces horloges sont couplées à un mécanisme de cloches et marquent le temps également de façon sonore.

Où mesure-t-on le temps à l'aide de fleurs ?

En Afrique, on utilisait des fleurs afin de déterminer l'heure de la journée. Au lever du soleil, les fleurs s'ouvrent, à midi, elles sont pleinement ouvertes et vers le soir, elles se referment à nouveau.

Une année a-t-elle toujours 365 jours ?

Une année est la durée nécessaire à la Terre pour tourner complètement autour du Soleil. Les Babyloniens sont parvenus à calculer cette période vers 3000 av. J.-C. Depuis, il n'y a eu de divergences sur ce chiffre qu'aux années bissextiles et lors de l'introduction d'un nouveau système de calcul du temps. Ainsi, l'année 46 av. J.-C. eut 445 jours, car ce fut l'année de l'introduction du calendrier julien. En Angleterre, l'année 1752 compta 11 jours de moins, car l'on passa à cette époque du calendrier julien au calendrier grégorien. Le même phénomène se produisit en 1918 en Russie et en 1949 en Chine.

Quand furent inventées les premières montres mécaniques ?

Au XIVe siècle, des moines inventèrent un mécanisme permettant de faire sonner les cloches des églises à intervalles réguliers. L'énergie nécessaire à cette machinerie était générée par des poids qui tombaient à intervalles réguliers. Cet « échappement » est à l'origine du tic-tac de la montre.

Depuis quand les montres ont-elles des aiguilles ?

Les pendules avec cadran et aiguilles telles que nous les connaissons sous la forme de montres-bracelets ou clochers n'existent que depuis le XVIIe siècle.

Pourquoi certaines horloges ont-elles un balancier ?

Dans la partie inférieure d'une pendule est accroché un balancier avec un poids, lequel effectue un mouvement pendulaire d'aller et retour. Peu importe l'amplitude de ce mouvement – le temps nécessaire d'un mouvement à l'autre reste toujours le même. Les oscillations régulières du balancier entraînent le déplacement continu des aiguilles. Ce mécanisme a été utilisé par Christian Huygens afin de régler les intervalles de chute des contrepoids.

Qui travaille plus vite sous pression ?

Le principe de la cocotte-minute remonte à Denis Papin. Si l'on fait chauffer de l'eau, il se forme de la vapeur, c'est-à-dire de l'eau sous forme gazeuse. À l'état gazeux, l'eau a besoin de davantage de place que sous sa forme liquide. Elle se dilate. Du fait de l'eau qui se vaporise, il règne dans un autocuiseur une surpression qui ne peut s'évacuer. En raison de ce phénomène, les aliments cuisent plus rapidement.

Dans une locomotive à vapeur, la combustion de bois, charbon ou pétrole produit la vapeur qui entraîne les roues par l'intermédiaire de bielles motrices. La première locomotive a été construite en 1804 par Richard Trevithick.

Comment fonctionne une machine à vapeur ?

Dans une machine à vapeur, l'eau est chauffée dans une chaudière à vapeur. Sur cette chaudière se trouve une soupape qui peut être ouverte ou fermée. Si la soupape est ouverte, la vapeur afflue dans un cylindre doté d'un piston, lequel est poussé vers le haut par la vapeur. La vapeur refroidit dans le cylindre. Le piston revient alors à sa position initiale et la machine évacue la vapeur refroidie. À ce moment, la soupape est à nouveau ouverte. Et le processus recommence. Les allers et retours du piston entraînent un engrenage.

Au XIXe siècle, on utilisa des marteaux à vapeur pour forger le fer et l'acier. Aujourd'hui, ces travaux sont assurés par des systèmes hydrauliques.

Comment fonctionnent les engrenages ?

Les engrenages sont agencés de façon à ce que les dents s'emboîtent les unes dans les autres : une dent d'une roue rentre dans un interstice entre deux dents d'une autre roue. De cette façon, un engrenage peut transmettre son mouvement à un autre.

À quel usage fut construit le premier moteur à vapeur en Allemagne ?

Denis Papin ne pensait ni aux machines, ni aux véhicules en fabriquant son moteur à vapeur. De 1688 à 1689, il construisit pour le prince électeur de la Hesse une pompe pour les fontaines du jardin princier.

Comment fonctionne une pompe à vapeur ?

Si l'on injecte de l'eau dans un cylindre rempli de vapeur, on génère une dépression. Elle peut être utilisée pour déplacer un piston. En 1712, Thomas Newcomen fabriqua la première pompe à eau actionnée à la vapeur, laquelle pouvait pomper l'eau d'un puisard au fond d'une mine.

Quelle vitesse atteignit la première locomotive à vapeur ?

En 1813, George Stevenson construisit en Angleterre la première locomotive entraînée à la vapeur. Elle pouvait être facilement doublée par un vélo. Elle atteignait tout juste 24 km/h. Et pourtant, son inventeur la baptisa « Rocket ». Ce qui veut dire fusée.

Les premières machines à vapeur furent essentiellement utilisées dans les mines et la production textile.

Quelles furent les répercussions de l'invention de la machine à vapeur ?

Les machines à vapeur permirent de faciliter des travaux qui nécessitaient jusqu'alors la force musculaire. On inventa des machines à filer et à tisser. Une machine à vapeur pouvait actionner de nombreux métiers à tisser. Désormais, les hommes ne tissaient plus seulement en hiver, à la maison, mais on vit apparaître des usines dans lesquelles des ouvriers et des ouvrières gagnèrent leur vie. Bien souvent, il leur fallait partir pour la ville. L'invention de la machine à vapeur a conduit à l'industrialisation.

Toutes les machines à vapeur étaient-elles dans des usines ?

Non. Elles servaient aussi dans le domaine agricole, telles les charrues à vapeur qui permettaient de labourer avec huit socs en même temps. Ces machines étaient placées en bordure du champ et tiraient la charrue avec une corde d'acier sur la totalité du champ. Comme elles étaient très chères, seuls les riches propriétaires pouvaient se les offrir. Mais parfois, les paysans s'associaient à de petites entreprise.

De qui l'unité watt porte-t-elle le nom ?

Le watt permet de mesurer la puissance et porte le nom de James Watt. Considéré comme l'inventeur de la machine à vapeur, il n'a pourtant fait qu'apporter des améliorations et augmenter sa puissance.

Pourquoi le premier moulin à vapeur se mit-il à fumer ?

En 1786 fut inauguré à Londres le premier moulin à céréales, l'Albion Mill. La machine à vapeur entraînait vingt meules à la fois. Les propriétaires des moulins à eau sur la Tamise eurent peur de cette énorme concurrence. Le 3 mars 1791, ils incendièrent les moulins.

Jusqu'à il y a 250 ans, l'énergie était produite de façon mécanique, par les forces musculaire, hydraulique et éolienne. La première machine qui permit d'accéder à de nouvelles sources d'énergie fut la machine à vapeur de James Watt en 1788. Elle accéléra considérablement l'évolution industrielle. Mais elle n'aurait pas vu le jour si un siècle plus tôt, Denis Papin n'avait pas inventé la soupape de surpression, permettant d'utiliser la vapeur à des fins de travail.

!

Le Very Large Telescope est composé de quatre gigantesques télescopes et se situe au cœur du désert d'Atacama, sur le mont Paranal à une altitude de 2 600 mètres.

Qui inventa le premier microscope ?

En jouant avec des lentilles cassées dans l'atelier de son père, Zacharias Jansen découvrit qu'une araignée observée à travers deux lentilles l'une derrière l'autre ressemblait à un énorme monstre. Son père lui fabriqua donc un tube avec deux lentilles, séparées par un intervalle. Il eut l'idée d'observer des puces avec son « microscope ». Et bientôt son cirque de puces devint une véritable attraction.

Quelles formes de vie une goutte d'eau abrite-t-elle ?

C'est ce qu'a voulu découvrir le Hollandais Antoni von Leeuwenhoek. Il fabriqua un microscope. Il polit lui-même les lentilles, observa une goutte d'eau avec un agrandissement de 270 x et fut surpris. En 1687, il découvrit les bactéries. Il ne savait pas encore ce qu'il observait à travers son microscope, et il baptisa ces bactéries « petites bêtes ».

Quelle peut être la puissance d'agrandissement d'un microscope ?

Avec un microscope électronique, il est possible de visualiser la surface ou l'intérieur d'un objet. Aujourd'hui, des agrandissements de 300 000 fois sont possibles. Avec une telle puissance, on parvient encore à représenter deux points séparés par une distance de 0,1 nm (résolution), soit 0,000000001 m.

Microscope électronique

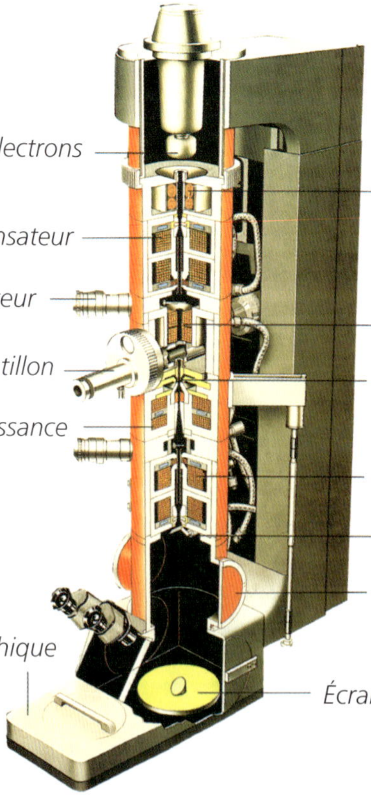

Pourquoi les télescopes se trouvent-ils généralement au sommet des montagnes ?

Cela tient au fait qu'en altitude, l'air est beaucoup plus clair car il y a moins de pollution. En outre, à l'écart des villes, le ciel est beaucoup plus sombre en l'absence de lumières. Aussi peut-on mieux observer les étoiles. L'un des plus grands télescopes se trouve sur les îles Hawaï, bien loin du continent surpeuplé.

Qu'est-ce que la pollution lumineuse ?

Ce terme regroupe l'ensemble des éclairages dans les agglomérations, tels que lampadaires ou publicités lumineuses. La pollution lumineuse gêne l'observation du ciel.

Pourquoi Galilée pensait-il que Saturne avait des oreilles ?

Galilée ne pouvait observer les anneaux de Saturne que de façon assez floue car les lentilles réfractaient irrégulièrement les différentes couleurs. Cet inconvénient ne fut pallié qu'avec l'invention du télescope à miroir. Ici, ce sont des miroirs et non des lentilles qui concentrent les rayons lumineux.

Est-il possible d'écouter avec un radiotélescope les émissions radio des petits hommes verts ?

Les radiotélescopes ne captent pas d'émissions radio en provenance de l'espace, mais des ondes radioélectriques. Contrairement à la lumière qui peut être observée à l'aide de télescopes normaux, les ondes radioélectriques ont une longueur d'onde beaucoup plus élevée.

Les réflecteurs généralement paraboliques des radiotélescopes captent et concentrent les ondes radioélectriques en provenance de l'espace, puis les envoient vers un récepteur.

Qui a inventé le télégraphe ?

Les télégraphes transmettent des messages sur la base du principe de l'électromagnétisme. Le premier télégraphe utilisable fut fabriqué en 1833 par le mathématicien Karl F. Gauß (1777–1855) et le physicien Wilhelm Weber (1804–1891). En 1837, l'Américain Samuel Morse (1791–1872) inventa le télégraphe Morse permettant d'envoyer et de recevoir des nouvelles.

Alexander Graham Bell devant son invention. En 1892, devant un parterre d'invité, il mit en service la première liaison téléphonique entre New York et Chicago. Il ouvrit véritablement la voie aux techniques de télécommunication.

Qu'est-ce que l'alphabet ou l'écriture Morse ?

Comme le télégraphe Morse ne peut transmettre que des points et des tirets, l'inspecteur du télégraphe Friedrich C. Gerke, un Prussien, développa l'alphabet baptisé selon Morse. Chaque lettre est représentée par une succession définie de points et de traits.

Les antennes paraboliques des stations au sol captent et envoient à d'autres récepteurs les signaux émis par les satellites de communication.

Qui a inventé le téléphone ?

Philippe Reis est considéré comme l'inventeur du premier téléphone. Deux années après la mort de Reis, deux scientifiques parvinrent, indépendamment l'un de l'autre, à des solutions similaires : Alexander Graham Bell et Elisha Gray. Plus tard, Thomas Alva Edison (1847–1931) améliora l'invention de Bell et créa la forme du téléphone actuelle. Il développa le microphone à cartouche de carbone et l'associa à un écouteur électromagnétique.

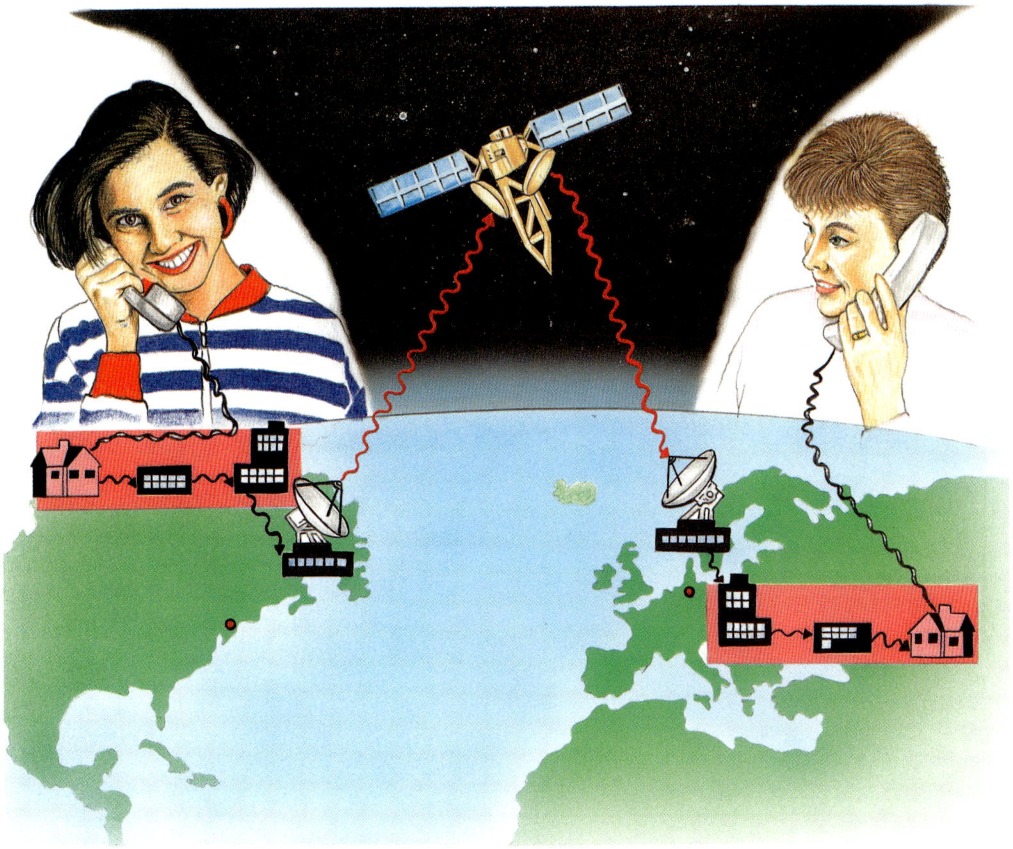

Une conversation téléphonique parvient à un central téléphonique qui la dirige, via une radiodiffusion hertzienne, vers un satellite de communication. Celui-ci l'envoie par le biais d'une station terrestre vers le destinataire.

Quelles furent les premières phrases prononcées par téléphone ?

Philipp Reis à quelques élèves : « Un cheval ne mange pas de salade de concombre. » Alexander G. Bell à son assistant : « Monsieur Watson, veuillez venir dans mon bureau, je vous prie ! »

Qui était Alexander G. Bell ?

Alexander G. Bell était professeur pour enfants sourds et muets, et avait la physique pour loisir. Bell identifia que la transmission de la parole nécessitait des modifications électriques continues. Avec son assistant Watson, il créa en 1876 le premier téléphone utilisable à membrane, transformant les ondes sonores en oscillations électriques. Son invention fut brevetée en 1876.

Qui était Philipp Reis ?

Philipp Reis s'est surtout penché sur la question de savoir comment transmettre des sons grâce l'électricité. Vers 1860, il parvient à établir les premières conversations téléphoniques. Mais un seul interlocuteur pouvait parler et la qualité sonore était très mauvaise : son invention resta quasiment ignorée.

Comment fonctionne le téléphone ?

Dans le micro du téléphone, de la poudre de carbone est plus ou moins compressée au rythme de la voix. Le courant d'induction qui circule dans le combiné est donc soumis à des variations. Le signal « migre » par l'intermédiaire du réseau téléphonique jusqu'au récepteur où un petit aimant dans l'écouteur fait vibrer au rythme de la voix une petite membrane de tôle et rend la voix compréhensible. Depuis, il existe de nombreux modèles de téléphone, tels que le téléphone sans fil où la connexion filaire est remplacée par un lien radio. Actuellement, les téléphones mobiles semblent supplanter le téléphone fixe conventionnel.

Qu'est-ce qu'un laser ?

« Laser » est l'abréviation de Light Amplification by Stimulated Emission of Radiation, ou « amplification de la lumière par une émission stimulée de rayonnement ». C'est une source lumineuse émettant une lumière constituée d'une seule longueur d'ondes et concentrée en faisceau. C'est pourquoi le laser génère rapidement des puissances énergétiques d'une force extrême.

Comment fonctionne le laser ?

De l'énergie, sous forme d'éclairs lumineux, est envoyée vers un amplificateur optique, doté d'un miroir à chaque extrémité. Les photons se réfractent continuellement sur les miroirs, de sorte qu'ils s'amplifient simultanément. L'un des deux miroirs est percé d'un trou au travers duquel passe la lumière concentrée une fois l'intensité suffisante.

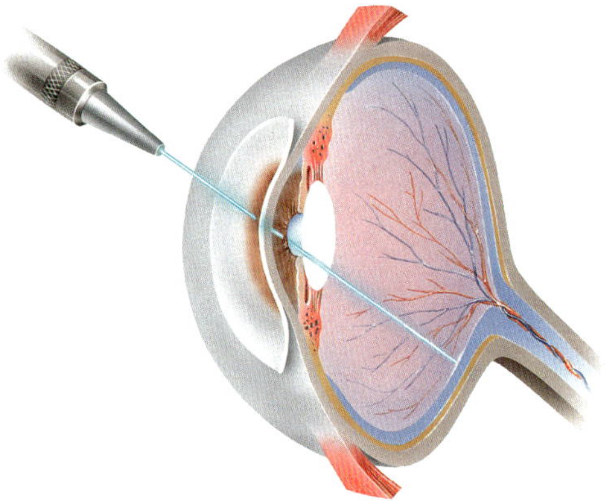

À l'aide d'un laser de faible puissance, l'ophtalmologiste peut examiner le fond de l'œil.

Que fait-on avec des lasers ?

Voici quelques exemples parmi de très nombreux usages : les lecteurs de codes-barres utilisent le laser, il permet également de couper ou de souder des matériaux. Le médecin peut scléroser des veines ou pratiquer des incisions cutanées, et le dentiste soigner des caries. Dans le cadre de la surveillance radar, on emploie des canons laser. Et il permet de graver des données sur les CD-ROM et les DVD.

Sur un CD-ROM, un disque de plastique recouvert d'une couche d'aluminium, les données à enregistrer sont gravées via un rayon laser puissant. La lecture de ces informations requiert un laser de puissance moindre.

Dans ce dispositif d'essai, les scientifiques testent sur un miroir la réfraction des rayons laser qui frappent ensuite des objets dans le laboratoire avant d'être réfléchis.

La lumière d'un laser est-elle très claire ?

La lumière laser n'est pas exceptionnellement claire ; elle ne permet pas d'éclairer une pièce. Sa force vient du fait de son faisceau extrêmement concentré qui se focalise sur un très petit point.

Un rayon laser est-il dangereux ?

Les rayons laser de faible intensité sont normalement inoffensifs. On peut par exemple placer sa main dans le rayon, sans se blesser. Il est toutefois dangereux de regarder directement le rayon laser, car l'œil humain est tellement sensible que les rayons laser le brûleraient.

Qu'est-ce qu'un iraser ?

L'acronyme « iraser » vient de l'anglais (Infrared Amplification by Stimulated Emission of Radiation). Cette expression désigne un laser pour la zone des infrarouges.

A-t-on déjà mesuré la distance Terre-Lune avec des rayons laser ?

Oui. Lors de leur mission lunaire en 1969, les astronautes américains placèrent un réflecteur laser sur la Lune. Le 1er août 1969, dirigé par un gigantesque laser à impulsion, le faisceau réalisa l'aller-retour Terre-Lune en à peine 2,5 secondes. Depuis, la distance entre la Terre et la Lune est connue avec une précision de 20 cm !

Machines

Autrefois, on appelait moteur (du latin movere = mouvoir) toute machine pouvant transformer l'énergie en mouvement mécanique. Aujourd'hui, on fait généralement la distinction entre les moteurs à combustion et les moteurs électriques. La forme actuelle des moteurs à combustion interne est le résultat des travaux de Nikolaus Otto. Gottlieb Daimler et Wilhelm Maybach (1883–85) et Carl Benz (1885), de son côté, conçurent le moteur à essence, léger et rapide, lequel joua un rôle précurseur dans la construction de moteurs automobiles. En 1893 fut lancé le moteur diesel, élaboré par Rudolf Diesel, suivi ultérieurement par le moteur à pistons rotatifs de Félix Wankel.

Que signifie moteur à combustion ?

Le moteur à combustion est une machine thermique qui produit un travail mécanique par la combustion interne de combustible. Dans un cylindre, un mélange air-combustible est enflammé et consumé. L'augmentation de pression générée par la chaleur entraîne un piston.

Qu'appelle-t-on « cycle de fonctionnement » ?

On appelle cycle de fonctionnement le processus de travail ininterrompu, articulé en quatre temps, des moteurs à combustion.

Bien que les moteurs modernes présentent une structure nettement plus complexe que leurs prédécesseurs, leur mode de fonctionnement reste pratiquement le même.

Comment fonctionne un moteur à 4 temps ?

1. Admission : la soupape d'admission est ouverte, en phase descendante, le piston aspire le mélange carburant-air dans le cylindre.
2. Compression : les soupapes sont fermées, le piston remonte et comprime le mélange.
3. Combustion-détente : les soupapes sont fermées, puis une étincelle enflamme le mélange et les gaz de combustion repoussent le piston vers le bas.
4. Échappement : la soupape d'échappement s'ouvre et le piston en phase descendante expulse les gaz brûlés.

Quelle étape génère la puissance ?

Seule la troisième étape (combustion-détente) produit de la puissance, les trois autres phases ne servant uniquement à mettre en place cette phase.

Que signifient « temps » et « cylindres » ?

Dans le cas d'un moteur à 4 temps, un cylindre nécessite 4 phases pour accomplir un cycle de fonctionnement complet. Un « temps » décrit la course d'un piston (un mouvement ascendant ou descendant). Les cylindres indiquent le nombre de pistons utilisés dans le moteur.

Qu'est-ce qu'un moteur à deux temps?

Dans la construction automobile actuelle, le moteur à deux temps n'est plus utilisé que sur les motos. Il accomplit un cycle de fonctionnement en une seule rotation de l'arbre-manivelle.

Qu'est-ce qu'un moteur diesel ?

Il fonctionne également en quatre temps. Contrairement au moteur Otto, il n'y a pas d'aspiration d'un mélange air-carburant, mais une injection directe d'air et de carburant purs dans la chambre de combustion où le mélange diesel-air s'enflamme spontanément.

Les quatre phases du moteur à quatre temps. L'énergie d'entraînement n'est générée qu'au cours de la phase trois, lorsque le mélange de carburant qui s'enflamme repousse le piston vers le bas.

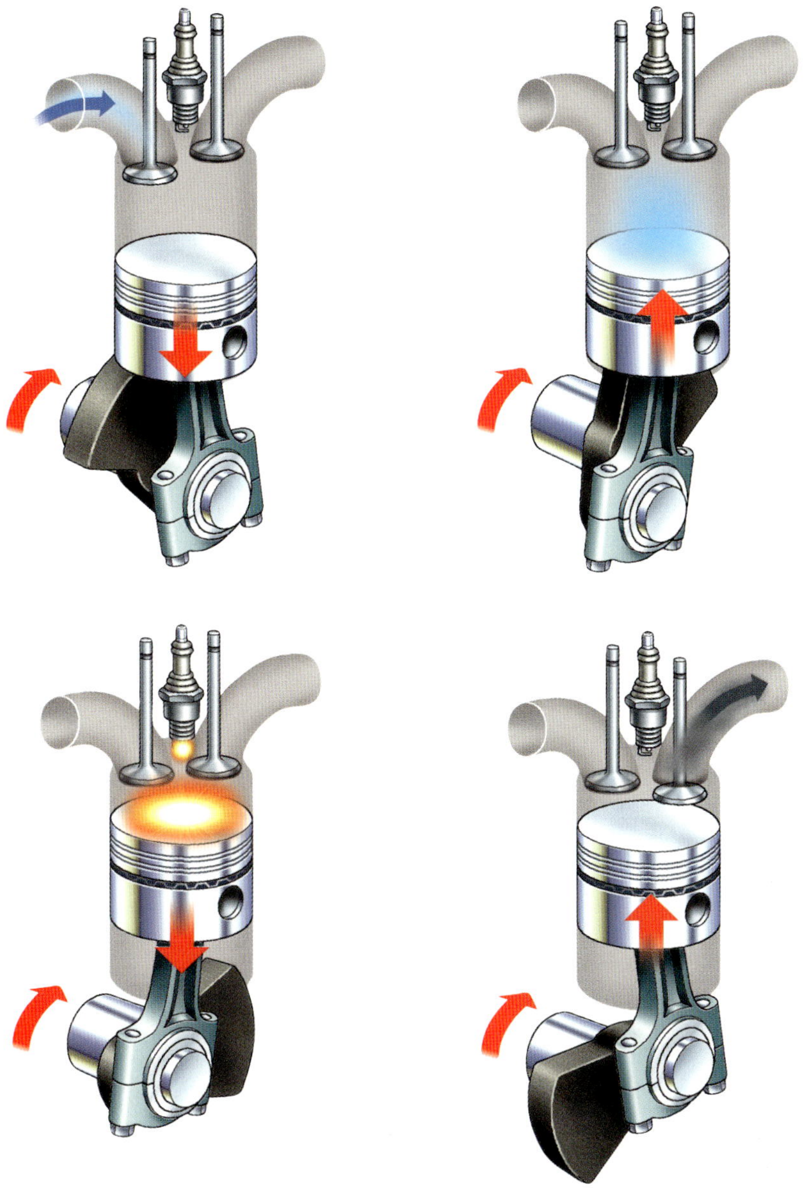

Qu'est-ce qu'un moteur Wankel ?

Il s'agit d'un petit moteur à explosion, léger, à piston rotatif. Dans ce moteur conçu par Félix Wankel, les gaz de combustion génèrent directement la rotation du piston. Ce piston rotatif tourne dans une chambre légèrement ovale. Lors de la rotation, il délimite trois chambres de taille variable. C'est au cœur de ces chambres que se déroule le cycle de fonctionnement.

Comment sont classés les moteurs à explosion ?

- Selon le déroulement du mouvement : moteur à piston alternatif ou rotatif.
- Selon le processus de création du mélange : création du mélange en externe ou en interne.
- Selon le processus d'allumage : exogène ou auto-allumage.
- Selon le processus de refroidissement : à l'eau ou à l'air.
- Selon la forme ou le nombre des cylindres : monocylindre, moteur à cylindres en ligne, à cylindres en V, à cylindres opposés, en étoile, à pistons opposés.

Comment fonctionne un moteur à réaction ?

Dans un moteur à réaction, de l'air comprimé est compressé dans une chambre de combustion. Le carburant est ensuite injecté et le mélange brûlé. Lors de cette phase, la température du gaz augmente énormément, il se dilate et afflue avec une énergie considérable dans la turbine. Une partie du flux entraîne le compresseur et le reste est transformé en force propulsive via la tuyère d'éjection.

Que signifie « aérobie » ?

Comme l'oxygène nécessaire à la combustion est absorbé de l'air d'aspiration, les moteurs à réaction des avions par exemple sont également appelés moteurs aérobies.

Qu'est-ce que la « force propulsive » ?

On entend par l'expression « force propulsive » la poussée qui sort de la tuyère avec les gaz de propulsion dégagés.

Qu'est-ce qu'une turbine à hélice ?

Dans une turbine à hélice, l'hélice est actionnée par une turbine et non, comme dans le cas des avions à hélice, par un moteur à pistons. Les turbines à hélice atteignent des puissances optimales à des vitesses de vol peu élevées et sont de ce fait souvent utilisées pour les avions transporteurs militaires et les liaisons aériennes régionales.

Qu'est-ce qu'un turboréacteur ?

Le turboréacteur est la forme la plus simple du moteur à turbine à gaz. À l'instar du moteur à réaction, l'air est comprimé, mélangé à du carburant, puis enflammé. Ensuite, le gaz chaud en dilatation afflue dans la turbine et fait tourner la roue de la turbine – notamment nécessaire au fonctionnement du compresseur – avant d'être évacué du moteur par la tuyère d'éjection.

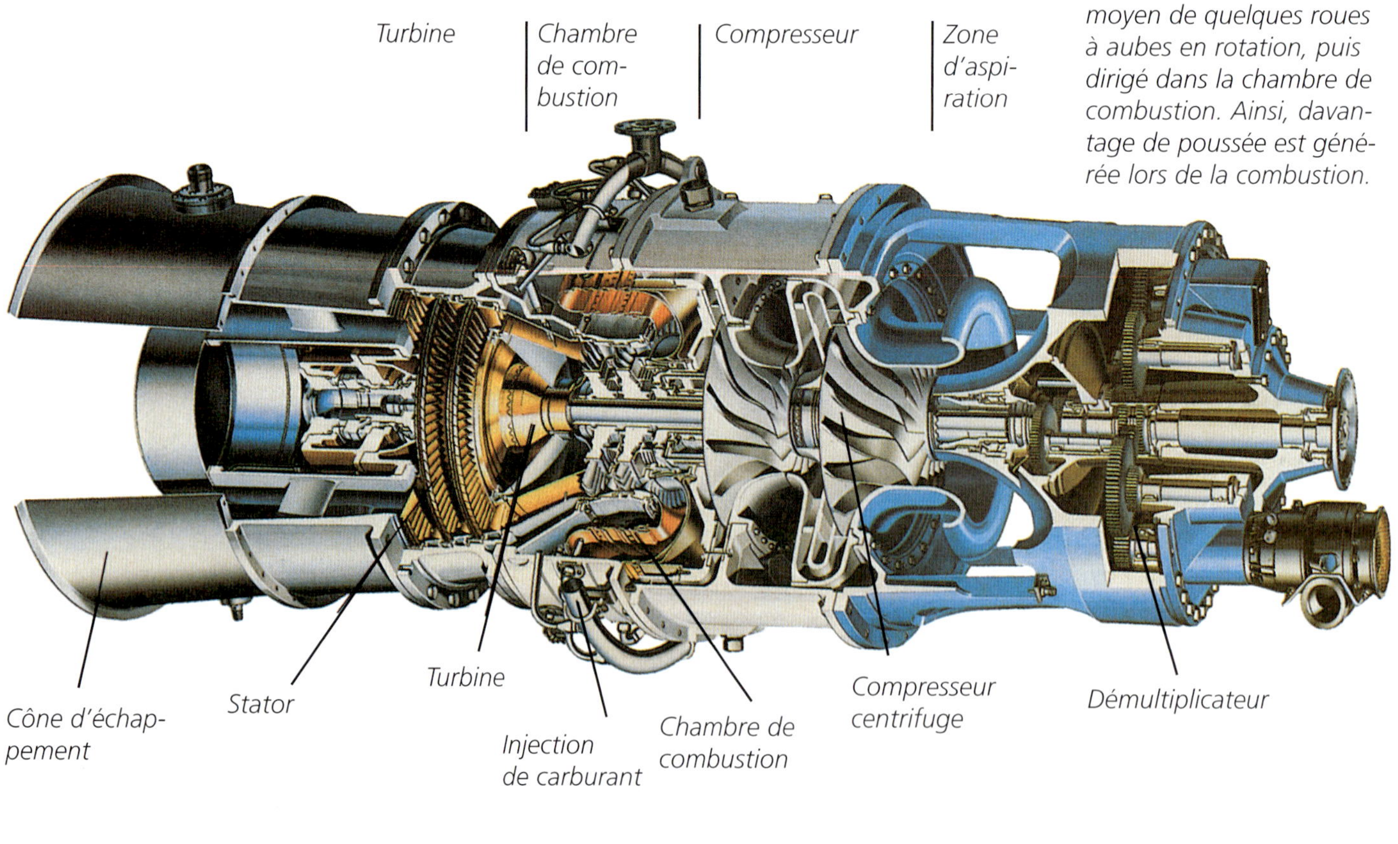

Dans la section de turbine d'un statoréacteur, l'air aspiré est comprimé au moyen de quelques roues à aubes en rotation, puis dirigé dans la chambre de combustion. Ainsi, davantage de poussée est générée lors de la combustion.

Qu'est-ce qu'un turboréacteur à double flux ?

Ce moteur est composé d'un circuit interne et d'un circuit externe. Le circuit interne correspond au turboréacteur même et sert d'entraînement à la soufflante. Le circuit externe – également appelé pontage – est formé par une phase de précompression, placée avant le compresseur. Seule une partie de l'air aspiré parvient dans le circuit interne, le reste contourne le circuit et fournit l'essentiel de la poussée.

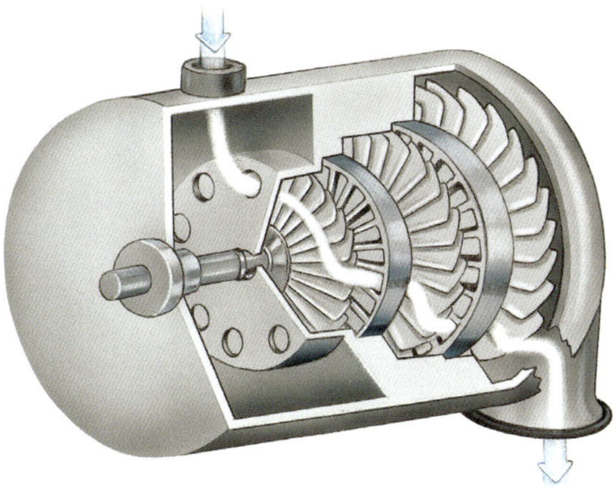

Dans une turbine à vapeur, la vapeur sous haute pression afflue au niveau de plusieurs roues à aubes et les fait tourner. Si elle est reliée à un générateur, il est alors possible de produire de l'électricité.

Qu'est-ce que la postcombustion ?

La postcombustion n'est utilisée que sur les avions de combat et sert à développer une augmentation de poussée sur une courte durée, par exemple au décollage ou en phase de combat.

Les turbines à eau fonctionnent selon le même principe que les turbines à vapeur.

Qu'est-ce qu'un statoréacteur ?

Dans un statoréacteur, l'air dirigé dans la chambre de combustion est comprimé par le biais de la pression dynamique. Ici, on fait la distinction entre « ramjet » et « scramjet ». Le ramjet est un statoréacteur à combustion subsonique. À partir d'environ Mach 6, les scramjets sont plus pertinents, car l'afflux d'air dans la chambre de combustion se fait à la vitesse supersonique.

Qui développa les premiers moteurs à réaction ?

L'inventeur anglais Frank Whittle et le physicien allemand Hans Joachim Pabst von Ohain sont considérés comme les pères du moteur à réaction. Au milieu des années 1930, Whittle et Ohain firent évoluer l'état de la technique de ces moteurs, indépendamment l'un de l'autre, de façon décisive.

Où y a-t-il du fer ?

Le corps humain contient environ 5 grammes de fer. Il lie l'oxygène aux globules rouges. Dans les roches aussi, le fer est souvent présent en association avec l'oxygène. On parle alors de minerais de fer.

Pourquoi la plupart des usines sidérurgiques se trouvent-elles près de mines de charbon ?

En France, les usines sidérurgiques étaient implantées sur des sites où l'on pouvait extraire du charbon. La plupart furent construites dans le Nord. Le charbon est nécessaire pour produire la chaleur des hauts-fourneaux, mais aussi en raison du carbone qu'il contient. Les hauts-fourneaux sont chargés en coke, un produit du charbon, en calcaire et en minerai de fer. Puis de l'air chaud à 1 600 °C est insufflé dans le haut-fourneau. L'oxygène et le charbon réagissent, produisant une coulée de fer pur et liquide.

Pourquoi fait-on de l'acier à partir du fer ?

Le fer brut est cassant. Pour fabriquer de la tôle métallique ou des tubes en acier, il faut d'abord débarrasser le fer de son carbone. Si l'on souhaite que l'acier ait une longue durée de vie et qu'il ne rouille pas, on lui ajoute d'autres métaux comme du chrome et du nickel. On parle alors d'acier fin ou inoxydable.

Quelle est la hauteur d'un haut-fourneau ?

Sa cheminée mesure environ 30 mètres de hauteur. L'intérieur est en briques réfractaires. Le gueulard, dans la partie supérieure de la cheminée, fait environ 8 mètres de largeur.

Le sac en plastique que je jette finit-il dans le haut-fourneau ?

Peut-être. Les sacs en plastique étant composés d'hydrocarbures, on peut les utiliser comme le coke dans un haut-fourneau. Le plastique y est versé par le bas. Le carbone réagit avec l'oxygène contenu dans le minerai de fer. Les éléments combustibles résiduels sont ensuite utilisés pour le chauffage.

La décharge de fer brut liquide hors du haut-fourneau est appelée coulée.

Une fois la fonte effectuée, le fer brut liquide est coulé dans des moules, évacués ensuite par le biais d'un convoyeur à bande.

Les hauts-fourneaux sont des lieux de travail d'une grande saleté, remplis de vapeurs toxiques et de nuages de fumée. Pourtant, l'usine sidérurgique de Völklingen a été inscrite au patrimoine mondial de l'humanité. L'exploitation du fer servit énormément l'industrialisation. Lors d'une visite de cette usine, on peut lire l'histoire du fer et de son exploitation sur les bâtiments et les machines. Selon l'Unesco, il était nécessaire de conserver ce site pour les générations futures.

Que fait-on avec le laitier ?

Le laitier s'écoule du fer liquide dans le haut-fourneau. Il s'agit d'un liquide épais, rassemblant les impuretés du minerai de fer et maintenu fluide grâce au calcaire. Une fois que le laitier a refroidi, il peut être utilisé dans la construction de routes par exemple.

Quand fut construit le premier haut-fourneau ?

Le haut-fourneau fut inventé vers l'an 700, dans le Nord-Est de l'Espagne. Il fut appelé le « four à fusion catalan ». Ce four n'était cependant pas suffisamment chaud pour parvenir à obtenir du fer liquide à partir de la fusion de minerai de fer.

L'acier a des multiples applications et est surtout indispensable dans l'industrie du bâtiment.

Pourquoi une période de l'histoire a-t-elle été baptisée du nom du fer ?

Lorsque les hommes ont appris à faire fondre du métal à partir du minerai de fer puis à le forger, cette découverte fit progresser de nombreux domaines. Les pioches en fer sont nettement plus stables que celles en bronze, et le fer a même permis de fabriquer des charrues. Cela permit de cultiver davantage de terres. En Turquie, en Iran et en Irak, l'âge du Fer débuta en 1900 av. J.-C., et seulement mille ans plus tard en Europe centrale.

Pourquoi autrefois défrichait-on les forêts pour les hauts-fourneaux ?

Avant l'apparition du coke produit à partir de la houille, la sidérurgie utilisait le charbon de bois. Le bois était brulé lentement dans des charbonnières de glaise. Les charbonniers connaissaient précisément la quantité d'air à insuffler de façon à amener le bois à incandescence sans qu'il s'enflamme. Il fallait abattre beaucoup d'arbres pour les carboniser. Aujourd'hui, le charbon de bois n'est utilisé que pour allumer les barbecues.

Que devient la ferraille ?

Pour son recyclage, le vieux fer est réduit en tout petits copeaux, puis fondu. Recycler consomme moins d'énergie que d'extraire le fer du minerai.

À quoi servent les plates-formes de forage ?

Elles sont destinées à extraire du pétrole. Le pétrole provient de la décomposition de matière organique, végétale et animale, il y a des millions d'années.

Pourquoi la mer Caspienne luit-elle ?

Les plus vieilles plates-formes pétrolières se situent sur la mer Caspienne. Comme elles sont mal vérifiées, beaucoup de pétrole s'écoule dans la mer. C'est lui qui fait briller la surface de l'eau.

Pourquoi le pétrole de la mer du Nord est-il si cher ?

Dans la mer du Nord, le pétrole gît à une très grande profondeur. Plus facile à extraire, le pétrole du Golfe Persique est aussi nettement moins cher. Mais les États européens subventionnent l'exploitation du pétrole de la mer du Nord car ils redoutent de dépendre d'autres pays.

Les plates-formes pétrolières ne sont pas toujours aussi proches de la côte que ces deux-là. Généralement, les grands gisements de pétrole se trouvent à des centaines de kilomètres, en haute mer.

Que se passerait-il sans pétrole ?

Sans les produits dérivés du pétrole, plus de moteurs à essence ni matières plastiques.

En haute mer, une plates-formes pétrolière doit fonctionner sans compter sur un quelconque soutien extérieur. C'est pourquoi, elles sont dotées, répartis sur plusieurs étages, de tous les équipements nécessaires aux ouvriers.

Au large des côtes norvégiennes, Troll, la plate-forme pétrolière et l'édifice le plus lourd jamais construit par l'homme : plus de 1 000 000 de tonnes.

À quoi ressemblaient les premières plates-formes pétrolières ?

On fora pour la première fois à la recherche de pétrole au large du littoral mexicain en 1938. Le derrick fut placé sur une plate-forme artificielle, sur des piliers posés sur le fond de la mer. Par grande profondeur, il faut des navires de forage.

Que sont les barges semi-submersibles ?

Ce sont des plates-formes de forage particulièrement stables face à la houle. On les pose sur des piliers de 40 mètres de hauteur, à l'abri des vagues. Ces piliers placés sur des flotteurs sont toujours à moitié dans l'air, à moitié dans l'eau. Les barges semi-submersibles sont souvent utilisées en mer du Nord où les fonds sont trop profonds pour les plates-formes fixes et la houle trop forte pour les navires de forage.

En quoi sont faits les forets ?

Les forets utilisés sur les plates-formes offshore sont des tubes de métal dur. Ils sont équipés à l'avant d'une couronne de sondage dotée d'éclats de diamant qu'il faut sans cesse refroidir. On peut rallonger les forets pour pénétrer toujours plus loin en profondeur.

D'où vient le concept de robot ?

L'écrivain Karel Capek a inventé la notion de robot d'après le terme tchèque robota (corvée). De façon générale, un robot désigne une machine automatique conçue sur le modèle humain, et dont elle prend en charge, partiellement ou intégralement, les tâches.

Depuis quand les robots existent-ils ?

Les appareils automatiques, telles les clepsydres, existaient dès la Grèce antique. Vers 1200 apr. J.-C., les Arabes construisirent les premiers automates et au XVIIIe siècle en Europe, des animaux artificiels d'une reproduction aussi fidèle que possible, assuraient un vrai divertissement. Le XXe siècle marqua vraiment l'avènement de l'ère des robots industriels.

Avec les Mars Rovers, les robots ont pu largement mesurer, analyser et explorer la planète rouge, avant que l'homme pose le pied sur sa surface.

Quelles tâches sont assumées par les robots ?

Les robots sont capables de réaliser tous travaux imaginables : explorer le fond des océans, assurer des visites guidées au musée, construire des voitures et désamorcer des bombes.

Comment les robots peuvent-ils percevoir leur environnement ?

Équipés des capteurs adéquats, les robots peuvent quasiment tout percevoir, des ultrasons jusqu'aux champs magnétiques. De cette façon, ils peuvent s'orienter dans l'espace et contourner les obstacles.

Le robot Hermès fut conçu à l'image de l'homme afin de l'aider dans l'exécution de ses tâches quotidiennes.

Comment les robots se déplacent-ils ?

Les robots sont capables des modes de progressions les plus variés. Ils peuvent voler, sauter, rouler sur des roues ou des chenilles, nager, escalader des murs avec des ventouses ou ramper comme des serpents. Toutefois, marcher sur deux jambes comme un humain est le mode de déplacement qui leur est le plus problématique.

Les robots sont-ils de bonnes aides ménagères ?

Aujourd'hui, il existe déjà des robots qui, de façon autonome, tondent la pelouse, passent l'aspirateur, changent les chaînes de la télévision, servent des boissons, rangent la vaisselle et veillent sur la maison pendant les vacances.

Les robots obéissent-ils à des lois ?

En 1950, l'écrivain américain d'origine russe de science-fiction Isaac Asimov rédigea dans son recueil de nouvelles I Robot, les trois lois de la robotique. Elles étaient conçues pour les robots à configuration humaine et conscience propre, lesquels n'existent pour l'instant que dans l'imaginaire des livres. Ces trois lois reflètent les angoisses de l'humain face aux machines, qui lui sont égales voire supérieures.

Les robots ont-ils des sentiments ?

Les robots ne connaissent ni l'énervement, ni la colère, ni l'amour. Ils travaillent selon la logique de leur programmation. Mais certains sont en mesure d'identifier des mimiques, des gestes ou une intonation de voix irritée, voire de les imiter. L'homme accepte plus facilement les robots ayant un comportement apparemment social, même s'il n'est que le fruit de la programmation.

Depuis le développement des premiers prototypes en 1959, les robots industriels font désormais partie intégrante des hangars des usines.

Une fois la roche évacuée du tunnel fraîchement creusé, les murs sont revêtus de béton injecté pour soutènement.

Qu'est-ce qu'un tunnel ?

On appelle tunnel la partie souterraine d'une voie de circulation. La grande époque des tunnels débuta au XVIIe siècle, lorsque la poudre noire permit pour la première fois de libérer le passage en faisant exploser la roche. La construction de grands tunnels de montagne ne fut cependant possible qu'avec l'invention de la dynamite et des perforatrices de roche.

Comment construit-on un tunnel ?

Généralement, un tunnel est commencé simultanément de chaque côté. Tout d'abord, les galeries pilotes et d'avancement sont creusées, avant d'être reliées par des puits. Enfin, la roche est évacuée de la section du tunnel et le tunnel achevé est renforcé (généralement avec des parois en béton armé).

Qu'est-ce qu'une galerie pilote ?

Les galeries pilotes, creusées sur la surface inférieure du tunnel, servent à définir l'axe du tunnel et à évacuer la roche vers l'extérieur.

Qu'est-ce que la galerie d'avancement ?

Le faîtage est la couverture du fossé excavé. Et la galerie d'avancement, contrairement à la galerie pilote, est creusée sur la surface supérieure du tunnel prévu.

Qu'est-ce que TRUDE ?

TRUDE est l'acronyme allemand de Tief Runter Unter Die Elbe. C'est un gigantesque tunnelier conçu spécifiquement pour la construction du quatrième tube du tunnel sous l'Elbe, à Hambourg en Allemagne.

Comment TRUDE fonctionne-t-il ?

Sa tête d'abattage de 14,20 mètres de diamètre est dotée de 111 molettes de coupe pour roche tendre et de 31 couteaux tournants pour roche dure. Les plus gros morceaux de roches sont broyés par un casse-pierres et automatiquement évacués.

Sur les tunneliers modernes, les diamètres de tête de forage de 10 mètres et plus sont très courants depuis longtemps.

Comment est reconnue la configuration du sol ?

Les informations sur les zones à problèmes sont identifiées par système SSP (Sonic Soft Ground Probing), un sondage sonique terrestre par mesures réflexes. Le SSP renseigne sur la position de blocs erratiques, les limites de strates géologiques ou d'infiltrations d'eau.

À quoi servent les cinq rayons accessibles ?

La forte pression terrestre sous l'Elbe, l'équipe de empêche les tunneliers d'allert remplacer les outils à l'avant de la tête de forage. Grâce à ces rayons accessibles à l'homme, on peut réaliser ces travaux « de l'intérieur ».

Lors du forage dans de la roche friable, un cylindre de métal protège les tubes d'un éventuel éboulement.

Grands ouvrages

La technique et les matériaux de construction modernes ont connu d'importants progrès dans les domaines de la construction de gratte-ciel, des routes et des ponts. Mais nombre de principes d'édification sont appliqués depuis quelques siècles et continuent encore de faire leurs preuves. Les Yéménites édifiaient déjà des immeubles, les Romains asséchèrent des zones des Pays-Bas et les Mésopotamiens construisaient déjà des routes il y a 5 000 ans. Hier comme aujourd'hui, les hommes ont produit de grandes réalisations – et se sont bien souvent surestimés : le point d'amarrage pour dirigeables de l'Empire State Building resta inutilisé et l'audacieux pont jeté sur le Tay s'effondra.

Amsterdam est sillonné de 165 grachten (canaux). Ils servent de voies de transports afin d'acheminer les marchandises rapidement en ville et de les répartir dans les différents comptoirs commerciaux. Environ 1 300 ponts surplombent ces voies fluviales.

À quoi servent les canaux ?

Les canaux sont des voies d'eaux artificielles. Les premiers furent construits il y a environ 5 000 ans en Égypte et en Mésopotamie, afin d'irriguer les champs avec l'eau du Nil. Plus tard, des canaux furent creusés afin de drainer les terres marécageuses ou pour réduire les routes de navigation.

Qui a strié le littoral néerlandais de canaux ?

La côte néerlandaise de la mer du Nord était si marécageuse que le général romain Nero Claudius Drusus Germanicus fit endiguer le littoral, puis creuser de nombreux canaux sur les terres humides derrière les digues, de façon à les assécher. Aujourd'hui, ces canaux peuvent être sillonnés en péniche.

Qu'est-ce qu'un polder ?

Un polder désigne des terres qui ont été gagnées sur l'eau grâce aux digues. Le polder est situé en dessous du niveau des eaux sur lesquelles il a été gagné. Ils peuvent être inondés lorsque les vagues passent par-dessus la digue ou si elle se rompt.

Comment est né l'Ijsselmeer ?

L'Ijsselmeer est un lac néerlandais qui apparut en 1932 par l'endiguage du Zuiderzee. La digue de fermeture, longue de 29 kilomètres, fut érigée à l'endroit le plus étroit de cette baie maritime. Large de 90 kilomètres, elle est surplombée d'une autoroute. Des parties de l'Ijsselmeer sont aujourd'hui des polders.

Pourquoi un large chemin longe-t-il souvent les canaux ?

Sur les canaux circulaient des barques chargées de marchandises. Elles étaient tirées par des chevaux, qui avançaient sur la rive, ou bien par des hommes ou des bœufs. Ces chemins étaient appelés chemins de halage.

Pourquoi de nombreux ouvriers travaillant sur le canal de Panama tombèrent-ils malades ?

Le canal de Panama relie l'océan Pacifique à l'océan Atlantique. Depuis la construction du canal en 1914, les bateaux ne doivent plus contourner toute l'Amérique du Sud. Le canal de Panama était dangereux, car il traversait des marécages. Aussi de nombreux ouvriers moururent de malaria et de fièvre jaune.

Pourquoi la voie maritime reliant Londres à Bombay est aujourd'hui plus courte ?

En 1869, les 161 kilomètres du canal de Suez furent achevés, reliant la mer Méditerranée à l'océan Indien. Aujourd'hui, les bateaux font l'économie du passage du Cap de Bonne-Espérance, et donc n'ont plus à contourner toute l'Afrique.

Quelle ville est totalement dépourvue de voitures ?

Il s'agit de Venise, sur la mer Adriatique, au large de la côte italienne. On ne peut y circuler qu'à pied ou en gondoles. Il n'y a pas de routes à Venise, uniquement des canaux. Les maisons de la ville sont posées sur des pilotis de bois, plantés dans le fond marin.

Comment les bateaux peuvent-ils monter des pentes ?

Même les bateaux à moteurs ne peuvent franchir que de faibles pentes. Pour que les fleuves avec un important dénivelé soient également navigables, on utilise des écluses. Elles se composent d'un sas qui peut être bloqué de chaque côté par des portes. Le bateau pénètre dans l'écluse. Les portes sont alors refermées, et l'eau pénètre via des écoutilles, jusqu'à ce que son niveau atteigne celui du canal ou de la portion du fleuve supérieurs. Le bateau peut ensuite poursuivre sa route.

Les digues permettent de maintenir les fleuves dans leur lit. Ces mesures servent notamment à la protection contre les inondations ou à l'alimentation en eau potable.

À quoi ressemblaient les premières routes?

Vers l'an 2945 avant notre ère fut inventé en Mésopotamie le premier chariot à quatre roues. Il permettait de transporter facilement des choses lourdes. Mais pour ce faire, il fallait des routes. En Crète, des rainures furent taillées à même la roche pour que les roues puissent rouler à l'intérieur. Ces ornières affichaient un écart de 125 centimètres. Tel était également l'espacement entre les roues des chariots. Parfois, la voie était également bordée de pierres.

Quand fut-il possible de voyager de l'Espagne à la Turquie en circulant sur des voies pavées?

Les Romains construisirent d'excellents réseaux de routes dans tout leur empire. Ils pavèrent les routes afin de pouvoir envoyer renforts et ravitaillement à leurs armées dans toutes les parties de leur empire. Certaines de ces voies existent encore, comme la via Aurelia. Sur son tracé s'élevèrent des villes avec des auberges et des échoppes d'artisans.

Pourquoi les routes asphaltées contribuent-elles aux inondations?

L'asphalte ne permet pas à l'eau de pluie de s'infiltrer dans le sol. Elle s'écoule alors sur les côtés, recouvrant d'eau des zones de plus en plus importantes du paysage. Via les stations d'épuration, l'eau arrive dans les fleuves, lesquels débordent plus rapidement que si l'eau s'infiltrait dans la nappe phréatique.

Nous disposons aujourd'hui d'un réseau de transport hautement développé avec voies ferrées et voies de circulation.

Les bretelles d'autoroutes viennent dénaturer le paysage.

Pourquoi les routes de montagne sont-elles presque toutes en lacets ?

Si l'on gravit une montagne droit dans la côte, le chemin est certes le plus court, mais une fois arrivé au sommet, le souffle nous manque. Les virages ou lacets rallongent certes le parcours, mais réduisent aussi l'inclinaison. Et une puissance moindre est donc nécessaire. Cet aspect est surtout décisif pour les voitures. Les virages offrent également davantage de sécurité à la descente, car les freins doivent alors retenir une poussée moindre.

Qu'est ce qu'une route départementale ?

Les routes de campagne/départementales peuvent également traverser les villes. Elles portent ce nom parce que les coûts de construction et d'entretien des routes sont planifiées et financées par chaque département, par exemple la route départementale 117 en Haute-Garonne. Pour les routes nationales, les coûts de construction et d'entretien étaient assurés par l'État, mais actuellement, ce sont les conseils généraux qui en assurent l'entretien.

Sur quelle ligne ferroviaire peux-tu voyager le plus loin sans avoir à changer de train ?

La plus longue liaison ferrée du monde est le Transsibérien. L'une de ses principales fonctions consistait à transporter les ressources minières, de la Sibérie à Moscou. Le parcours de Moscou à Vladivostok s'étire sur 9 900 kilomètres. La liaison ferrée transsibérienne a été inaugurée en 1902. Le voyage dure neuf jours.

Où se trouve le plus ancien funiculaire ?

Le funiculaire de Wuppertal, en Allemagne, est le plus vieux monorail qui fonctionne encore. On parle de monorail, car le seul rail utilisé est placé au-dessus de la cabine. La plupart des trains nécessitent deux rails. Les monorails transportent les voyageurs au-dessus des rues et bâtiments. Le parcours de ce funiculaire passe en partie au-dessus de la rivière Wupper. Le parcours s'étire sur 13,3 kilomètres, au fil de 20 stations.

Le wagon impérial de Guillaume II est raccroché au monorail suspendu de Wuppertal lors d'événements officiels.

Sur les ponts suspendus, le tablier est relié à deux câbles principaux passant par des pylônes, les piles.

Qu'est-ce qu'un aqueduc ?

Certains ponts de l'époque romaine encore conservés n'ont pas été conçus pour la circulation. Il s'agit d'aqueducs, assurant le transport de l'eau (du latin aqua, eau). Ainsi, les Romains avaient la possibilité de construire des villes, même sur des sites où l'eau faisait défaut, comme à Nemasus, aujourd'hui Nîmes. Via des canalisations souterraines et aériennes, l'eau était acheminée jusqu'en ville sur une distance de 50 kilomètres. Des ponts furent construits par-dessus les vallées. L'étage inférieur du Pont du Gard, près de Nîmes, est réservé aux piétons.

Pourquoi le Golden Gate Bridge a pu résister aux tempêtes, séismes et inondations ?

Le Golden Gate Bridge jeté sur la baie de San Francisco est élastique. Aux heures de pointe, lorsque les six voies de circulations sont utilisées, il s'affaisse de cinq mètres. Il peut se cambrer jusqu'à six mètres vers le bas, lorsqu'une tempête souffle sur ses 120 000 kilomètres de câbles. Les ponts dont le tablier est soutenu par des câbles, à l'instar du pont de San Francisco, sont appelés ponts suspendus. Les câbles sont ancrés dans des pylônes.

Quel est l'écart maximum envisageable entre les piles d'un pont ?

En 1377 fut construit en Italie un pont en arc sur une distance de 72 mètres. En 1758, les Suisses construisirent sur l'île de Reichenau un pont à arches en bois, de 73 mètres de long. Ce fut la limite maximale accessible avec des matériaux naturels. Seule l'utilisation de l'acier permit de couvrir des distances supérieures. Sur le pont suspendu Akashi Kaikyo au Japon, la distance entre les piliers est de 1 990 mètres.

Les ponts peuvent-ils flotter ?

Il existe effectivement des ponts flottants. Le tablier repose sur des blocs de béton creux, appelés pontons. Ceux-ci reposent sur l'eau et pour que le pont reste immobile, ils sont attachés. Les pontons sont ancrés dans des fondations en béton dans le lit du fleuve. En Turquie, un célèbre pont flottant relie la partie asiatique à la partie européenne d'Istanbul.

Le Golden Gate Bridge – l'un des symboles de San Francisco – est un pont suspendu.

Les tunnels routiers constituent un passage artificiel pour les véhicules à travers une montagne ou sous un fleuve.

Comment les chevaliers construisirent-ils leurs ponts ?

Afin de rendre une citadelle imprenable, les châteaux forts étaient souvent entourés de fossés. Pour que le chevalier et sa suite puissent les franchir, il fallait construire un pont-levis. La voie était ainsi coupée. Aujourd'hui, il existe encore de tels ponts. Sur les fleuves où naviguent des bateaux aux superstructures élevées, il est nécessaire de pouvoir relever les ponts pour libérer le passage aux navires. Le Tower Bridge de Londres est un exemple de pont basculant.

Les pont peuvent-ils pivoter ?

Un pont pivotant est placé au milieu du fleuve, sur une plateforme pivotante. Si un bateau se présente, le pont se tourne dans le sens du fleuve. Les bateaux peuvent alors le passer par la droite ou la gauche.

Existe-t-il d'autres ponts mobiles ?

Les ponts élévateurs sont d'autres constructions mobiles, pour lesquelles l'ensemble du pont est soulevé en hauteur. Il existe également des ponts roulants où hommes et voitures sont transportés d'une rive à l'autre, sur une plateforme accrochée à un rail.

D'où la ville autrichienne d'Innsbruck tient-elle son nom ?

Autrefois, les ponts étaient plus rares qu'aujourd'hui. Les voyageurs devaient souvent faire de grands détours pour franchir un fleuve. Aussi, les villes furent souvent baptisées en référence à leurs ponts : Innsbruck en Autriche vient de brücke, pont en allemand, et de la rivière Inn qui la traverse. En France, citons Pont-Aven, Joinville-le-Pont, Pont-Saint-Esprit…

Où les voitures peuvent-elles prendre l'ascenseur ?

À Hambourg, en Allemagne, l'ancien tunnel sous l'Elbe est le plus vieux tunnel à ascenseur du monde. Ouvert à la circulation en 1911, il relie les quartiers de Veddel et Wilhelmsburg à St. Pauli. D'énormes ascenseurs transportent les piétons, cyclistes et en semaine aussi les voitures dans le sous-sol. Atteignant presque 500 mètres de long, 24 mètres de profondeur, il fut le premier tunnel fluvial européen.

Les chantiers sous terre ou dans des tunnels peuvent se révéler dangereux, si la formation de monoxyde de carbone, un gaz toxique inodore, est trop importante. Lorsqu'il n'existait pas encore de systèmes d'alarme, les ouvriers emmenaient des canaris avec eux. Ces oiseaux plus sensibles à ce gaz que les humains meurent à des concentrations faibles. Dans les tunnels modernes, les gaz d'émanation sont aspirés au moyen de puissants ventilateurs dans des puits d'aération.

!

Les gratte-ciel du panorama urbain de Francfort-sur-le-Main, en Allemagne, ont valu à la ville le surnom de Mainhattan. Là où la place au sol fait défaut, il faut construire en hauteur.

Pourquoi ne peut-on pousser encore davantage la hauteur des immeubles ?

En cas de tempête, on perçoit nettement l'oscillation des immeubles modernes au 100e étage. Le plus haut immeuble du monde est la Sears Tower de Chicago, aux États-Unis, qui culmine à 447 mètres. On n'en construit pas de plus hauts car les employés auraient le mal de mer. D'un point de vue technique, il serait possible d'ériger des gratte-ciel de 1 600 mètres de haut, mais ils devraient être « élastiques » afin de ne pas se briser en cas de tempête.

Où se trouve la plus haute tour d'habitation ?

Le plus haut gratte-ciel habité du monde est la Lake Point Tower de Chicago, au États-Unis : 70 étages, 195 m de haut et quelque 900 appartements.

Où les premiers immeubles furent-ils construits ?

Les Romains de l'Antiquité ne connaissant pas encore l'acier, ils ne pouvaient donc pas encore construire de gratte-ciel. Mais ils étaient déjà en mesure d'ériger des immeubles de cinq étages. Dans le Haut-Atlas et en Arabie, on voit encore de vieux immeubles en briques de torchis.

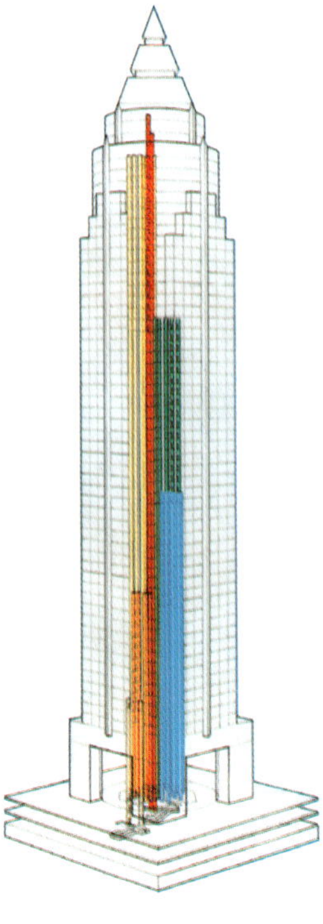

Le système d'ascenseurs de la Messeturm de Francfort-sur-le-Main en Allemagne.

Le panorama urbain de New York donne l'impression d'une ville née sur une planche à dessin.

Quel immeuble est resté le plus haut du monde pendant 50 ans ?

L'Empire State Building a été inauguré en 1931 après un an et 45 jours de travaux. Il mesure 382 mètres jusqu'au toit du 103e étage et 448 mètres jusqu'à la pointe du mât. Le bâtiment affiche 6 500 fenêtres, compte 73 ascenseurs et 5 000 kilomètres de câbles ont été posés.

Qu'est-ce que le béton ?

La plupart des gratte-ciel sont construits en béton. Il se compose d'un mélange de ciment, d'eau et de sable ou de graviers. La masse de béton est coulée entre des planches de bois pour adopter la forme voulue, puis se solidifie. Pour ne pas qu'il se brise, on insère des tiges d'acier : c'est ce que l'on appelle du béton armé.

Lors de la construction d'un immeuble, à quoi sert l'étude du sol ?

Un immeuble reposant sur un terrain trop mou peut se renverser. Il faut donc d'abord calculer la stabilité. L'Empire State Building est érigé directement sur de la roche. Lors de la construction de la tour penchée de Pise – laquelle n'était pas prévue sous cette forme – on ne connaissait pas encore les études de sol. Et ce dernier s'est affaissé d'un seul côté.

Quel bâtiment est considéré comme le premier gratte-ciel ?

Le Monadnock Building est communément considéré comme le premier gratte-ciel. Il fut érigé en 1883 et ne grattait que les nuages bas. Ses 17 étages constituaient cependant un événement.

Combien d'hommes ont participé à la construction de la pyramide de Khéops ?

On estime que 20 000 à 25 000 personnes ont pris part à la construction de la pyramide de Khéops. Pendant les crues annuelles du Nil, les paysans ne pouvaient cultiver leurs champs, aussi s'engageaient-ils dans la construction des pyramides. La construction dura environ 20 ans.

Quelle est la taille de la pyramide ?

La pyramide de Khéops, la plus grande d'Égypte, est constituée de granit. Sa base mesure 230 x 230 mètres. Elle affiche encore aujourd'hui 136 mètres de haut, soit 10 centimètres de moins qu'autrefois. La pyramide se compose d'environ 2,3 millions de blocs de granit, pesant environ 2,3 tonnes.

Les pyramides de Gizeh s'élèvent sur une langue du désert occidental, à huit kilomètres au sud-ouest de la ville de Gizeh. Le Caire est si proche qu'elle ne se situe aujourd'hui qu'à 15 kilomètres de son centre-ville.

Le sphinx de Gizeh fait environ 73 mètres de long, 4 mètres de large et 25 mètres de haut. Il représente un corps de lion assis surplombé d'une tête humaine. Sa fonction est inconnue. On suppose qu'il devait veiller sur le plateau de Gizeh.

Qu'a-t-on découvert dans la pyramide de Khéops lors des fouilles archéologique ?

D'étroits corridors mènent au grand escalier après lequel on accède, derrière une antichambre, à la chambre royale. C'est ici que fut inhumée la momie du pharaon Khéops en 2528 avant notre ère, dans un sarcophage de pierre. Un sarcophage est un cercueil de pierre, qui n'est pas enterré dans le sol. La pyramide semble avoir contenu d'importants trésors. Les murs des salles étaient recouverts de dessins. Mais les dessins et les illustrations ont disparu au fil des siècles. Et le sarcophage est vide.

Pourquoi les pyramides de Gizeh luisent-elles ?

Les pyramides ont été revêtues de pierres calcaires blanches, polies avec du sable siliceux. En outre, les pyramides ont dû même partiellement être recouvertes d'or.

Qu'est-ce qui a une tête d'homme et un corps de lion ?

La pyramide de Khéops est l'une des trois pyramides de Gizeh. Un sphinx de pierre veille sur ces pyramides. La tête d'homme symbolise l'intelligence, le corps de lion la force et la puissance. Le sphinx est un symbole des pharaons, les anciens rois d'Égypte. La proue du vaisseau royal était également à l'effigie d'un sphinx en bois.

Des pyramides ont-elles été construites pour tous les pharaons ?

Non. Les rois ultérieurs se firent enterrer dans des tombes creusées dans la roche. Les entrées secrètes sont situées très haut dans les rochers protégeant mieux les chambres funéraires des pilleurs de tombes. Dans celle du pharaon Toutankhamon, on découvrit 413 figurines de bois dorées à l'or, des lits d'or, des trompettes d'argent et de la nourriture. Le sarcophage intérieur était intégralement en or.

Quelle était la conception du travail des Égyptiens ?

Ils pensaient que depuis le royaume des morts, la déesse Osiris appelait les défunts au travail. Selon eux, les figurines de bois placées dans les tombes pouvaient aussi accomplir des travaux. Elles allaient servir d'ouvriers dans l'au-delà.

Seuls des humains étaient momifiés ?

Dans les tombeaux égyptiens, on trouva aussi des milliers de momies de chats, des veaux et des crocodiles embaumés. Ils étaient considérés comme des messagers des dieux.

Les pyramides ont été construites il y 4 500 ans sous les quatre dynasties royales égyptiennes, en l'espace de 100 ans. Elles servaient de tombeaux aux rois.

Déplacements

Voitures, trains à grande vitesse, avions et hélicoptères font aujourd'hui partie de notre vie quotidienne. Les marchandises sont acheminées via des camions ou d'énormes porte-containers ou déplacées par des chariots élévateurs. Sur les chantiers, matériel et matériaux sont transportés par des pelleteuses ou par des grues. Il y a 7 000 ans, il n'était possible d'avancer qu'avec ses pieds. Les denrées étaient transportées par des ânes ou des bœufs. L'homme fabriqua la première roue il y a 5 000 ans. Mais l'invention de la machine à vapeur au XVIIIe siècle, puis celle du moteur à explosion marquèrent l'avènement de la révolution technique. Ce fut le début de la circulation de masse.

Aucune autre grosse machine n'est produite à autant d'exemplaires dans le monde que la voiture.

Quand fut créée la première voiture ?

En 1885, Carl Friedrich Benz construisit la première voiture avec un moteur à explosion de 0,8 ch et allumage électrique. Son invention fut brevetée sous l'appellation « Patent Motorwagen ». Benz entreprit sa première sortie en voiture dans la ville de Mannheim, à la vitesse de 16 km/h.

Qui était Carl Friedrich Benz ?

Cet ingénieur en mécanique vécut de 1844 à 1929. En 1878/1879, il développa un moteur à explosion à deux temps, puis un moteur léger à quatre temps. Outre d'autres éléments automobiles, l'ingénieux monsieur Benz inventa également le différentiel, l'embrayage, le carburateur et la boîte de vitesses.

À quoi ressemblait la première voiture ?

L'automobile de Benz était un véhicule à trois roues. L'essieu arrière était doté de deux grandes roues à rayons. La direction était assurée par une petite roue mobile, disposée devant la surface d'appui des pieds. Derrière le siège, qui ressemblait au banc d'un coche, tournait un moteur à explosion monocylindre, agissant sur l'essieu arrière.

Comment fonctionne une boîte de vitesses ?

Avec le levier de vitesse, l'automobiliste passe les vitesses du véhicule. Il déplace ainsi manuellement les pignons et influe ainsi sur la vitesse et la direction de la voiture.

Que signifie « débrayer » ?

De façon à pouvoir passer les différentes vitesses, les pignons de la transmission, imbriqués les uns dans les autres, doivent être décalés les uns des autres. C'est pourquoi, avant de passer la vitesse, l'automobiliste doit débrayer, en enfonçant la pédale d'embrayage. Il désaccouple le moteur de la transmission, de sorte qu'une force ne peut plus être transmise du moteur vers la boîte de vitesses.

Qu'est-ce qu'une boîte de vitesses automatique ?

Elle n'est pas équipée d'un levier de vitesses, mais d'un sélecteur. Grâce à ce levier sélecteur, l'automobiliste n'a plus qu'à choisir entre point mort, marche arrière, parking et marche avant. La boîte automatique sélectionne ensuite de façon autonome la vitesse la plus adaptée et commute, à partir d'un nombre de tours déterminé, sur la vitesse supérieure ou inférieure.

Les freins de la voiture sont actionnés via le liquide de freins. En dépit de distances de freinage parfois courtes, l'automobiliste doit cependant conserver une distance de sécurité suffisante par rapport à la voiture qui roule devant lui.

À quoi sert l'alternateur ?

C'est un générateur électrique qui produit l'énergie nécessaire à toutes les installations électriques de la voiture. En fonctionnement normal, il recharge constamment la batterie de démarrage.

Comment les voitures peuvent-elles freiner ?

L'on distingue les freins à disques et les freins à tambours. Ils sont actionnés par un système hydraulique, à savoir via le liquide de freins. Avec les freins à disques, les plaquettes de frein serrent chaque côté de la roue avec une pression élevée et réduisent ainsi la vitesse de la roue. Dans le cas des freins à tambours, les mâchoires des freins appuient de l'intérieur contre les parois du tambour de la roue.

Qu'est-ce qu'un amortisseur ?

Il absorbe les vibrations des roues et leur permet de s'affaiblir plus rapidement. Il se compose d'un piston se déplaçant dans un cylindre rempli d'huile. L'huile s'écoule à travers des soupapes étroites. Plus le piston se déplace rapidement, plus l'huile s'écoule difficilement ou lentement dans le circuit.

Les motos sont plus légères que les voitures. C'est la raison pour laquelle elles permettent de meilleures accélérations et des sauts spectaculaires.

Moto, scooter ou mobylette ?

Une moto est un véhicule roulant sur deux roues alignées l'une derrière l'autre. Selon le modèle, on distingue les motos à composants fixes tels que le cadre ou le réservoir au niveau des genoux, le scooter avec une zone totalement libre au niveau des genoux et les mobylettes avec un servomoteur et une puissance moindre.

Depuis quand les motos existent-elles ?

En 1885, Gottlieb Daimler monta son moteur à essence à titre d'essai sur un véhicule à deux roues, considéré depuis comme la première moto du monde. La première moto produite en série est lancée sur le marché en 1894. Elle affichait les caractéristiques d'une mobylette et développait une puissance de 2,5 cv avec une cylindrée 1 495 cm^3. Toutefois, la première moto était loin d'être facile à piloter. On ne pouvait par exemple pas être à l'arrêt avec le moteur en marche.

Pourquoi les motos accélèrent-elles plus rapidement que les voitures ?

Les motos pèsent de 140 à 300 kg de moins que les voitures. Leur moteur doit donc activer une masse

Les vélos existent depuis près de deux siècles. Leur technique est de plus en plus aboutie.

Qu'est-ce qu'une draisienne ?

En 1817, Karl von Drais inventa à Mannheim, un véhicule sur deux roues. En position assise, il s'agissait de pousser sur le sol avec ses pieds. Cette « machine à marcher » en bois était un ancêtre du vélo et fut baptisée draisienne.

Qu'est-ce qu'une dynamo ?

Il existe des vélos avec des dynamos, sur lesquels des aimants placés dans l'axe de la roue porteuse produisent l'électricité nécessaire à l'éclairage. Mais elles freinent légèrement la vitesse, même lorsque la lumière n'est pas activée. Il existe aussi des dynamos connectée au moyeu via un engrenage. Elles ne présentent aucune perte de fonctionnement à vide.

bien inférieure qu'un moteur de voiture. Au feu, une moto de puissance moyenne peut de ce fait déjà démarrer plus rapidement qu'une voiture de série.

Quels sont les types d'entraînement qui existent ?

À l'exception du vélo solex, les motos sont dotées d'une propulsion arrière. La transmission de la force entre le moteur monté de façon fixe et l'essieu arrière mobile peut s'effectuer de trois façons courantes : pignon/chaîne, arbre de transmission et courroie dentée en caoutchouc renforcé par des fibres.

Quelle est la vitesse d'une moto ?

Les motos les plus puissantes atteignent 285 km/h en vitesse maximale. Elles sont ainsi presque aussi rapides qu'une voiture de course.

Les motos les plus puissantes peuvent atteindre des vitesses de 285 km/h.

Les biplans comptent parmi les plus beaux avions. Leurs deux ailes superposées améliorent la poussée aérostatique et augmentent en même temps la résistance à l'air.

Qui construisit le premier avion ?

Le premier avion à moteur portait le nom de Kitty Hawk et décolla le 17 décembre 1903 pour son vol inaugural. Il fut construit par les frères Wilbur et Orwell Wright, lesquels sont considérés depuis lors comme les pères de l'aéronautique. Il existe des planeurs depuis la fin du XIXe siècle.

Pourquoi un avion vole-t-il ?

Pour qu'un avion puisse décoller, une force bien spécifique doit entrer en action : la poussée aérostatique. Celle-ci est générée à l'aide des surfaces portantes. Alors que la face supérieure des plans de sustentation est fortement courbée, la face inférieure ne présente aucune convexité. Si de l'air afflue au niveau de ces surfaces, il lui faut parcourir un trajet plus important sur la face supérieure que sur la face inférieure. C'est pourquoi l'air passe plus rapidement au niveau de la face supérieure de l'aile. Il en résulte une dépression qui aspire l'avion vers le haut.

Peut-on voir la poussée aérostatique ?

Au décollage d'un avion doté de longues ailes, par exemple avec un planeur, si l'on regarde par la fenêtre, on peut observer, juste avant que l'avion ne quitte le sol, que les extrémités des ailes s'élèvent légèrement vers le haut. Cette manifestation est un effet de la poussée aérostatique.

Dans le cockpit, les deux pilotes ont le contrôle total de toutes les fonctions de l'appareil. Pour des raisons de sécurité, nombre des instruments sont montés en double.

Le SR-71 Blackbird est considéré comme l'avion construit en série le plus rapide de tous les temps.

À quelle vitesse maximale un avion peut-il voler ?

De tous les avions produits en série, le plus rapide au monde fut le SR-71 Blackbird américain, un avion de reconnaissance, qui pouvait atteindre la vitesse de Mach 3, ce qui représente 3 fois la vitesse du son. Jusqu'en 2004, l'avion de ligne le plus rapide était le Concorde. Il volait à Mach 2,2.

Qui fut le premier à atteindre la vitesse du son ?

Le premier homme à franchir le mur du son dans un avion fut l'Américain Chuck Yeager. À bord d'un Bell X-1, lequel ressemblait davantage à une fusée modifiée qu'à un véritable avion, il franchit pour la première fois le mur du son le 14 octobre 1947 à une vitesse de 1 078 km/h soit Mach 1,05.

Pourquoi les biplans ont-ils deux ailes ?

L'avantage d'un biplan par rapport à un avion à une seule surface portante réside dans le fait qu'à envergure identique, la poussée aérostatique est deux fois plus grande. Cette caractéristique améliore la puissance ascensionnelle et la maniabilité mais augmente considérablement la résistance à l'air de l'appareil, c'est pourquoi on ne construit plus aujourd'hui presque qu'exclusivement des monoplans.

Quel est le plus gros avion ?

Le plus gros avion de ligne du monde est l'Airbus A380. Il mesure 73 mètres de long, affiche une envergure de 79,8 mètres et peut embarquer jusqu'à 555 passagers. Le plus gros avion à hélice du monde est l'Antonov An 22. Il affiche 64 mètres d'envergure pour 57,8 mètres de long. L'Antonov An 225 est l'avion doté de la charge utile la plus importante. Il peut transporter jusqu'à 250 tonnes de fret.

Qui était Charles Lindbergh ?

Dans son avion, le Spirit of St. Louis, Charles Lindbergh réussit en 1927 le premier vol en solitaire au-dessus de l'Atlantique et le premier vol sans escale de New York à Paris. La première traversée de l'Atlantique en équipage avait été réussie dès 1919.

Qu'est-ce qui distingue les hélicoptères des autres avions ?

Les avions conventionnels sont des appareils à voilure fixe. Ils nécessitent toujours une vitesse minimale pour se maintenir en sustentation. En revanche, un hélicoptère peut voler sur place (vol stationnaire) et même en arrière. Il génère sa poussée ascensionnelle par la rotation de ses ailes, les pales du rotor. Les hélicoptères sont également appelés aéronefs à voilure tournante.

Les hélicoptères sont souvent utilisés pour surveiller la circulation des navires sur le littoral.

Qu'est-ce qui maintient l'hélicoptère en l'air ?

Les pales du gros rotor principal, en général directement au-dessus du fuselage, là où se situe le centre de gravité de l'appareil, sont entraînées dans un mouvement de rotation par un moteur et une boîte de transmission. Certains hélicoptères sont équipés de deux rotors principaux, soit alignés, soit latéraux. L'afflux d'air autour des pales en rotation du rotor génère une poussée ascensionnelle qui permet à l'hélicoptère de s'élever à la verticale et de se maintenir en sustentation. La force de la poussée ascensionnelle dépend du profil, de l'angle d'incidence et de la vitesse des pales du rotor principal.

Les hélicoptères de combat modernes, tels que le Tiger, peuvent être utilisés dans des espaces réduits.

Comment un hélicoptère peut-il voler à reculons ?

Pour qu'il puisse voler non seulement à la verticale, mais également en avançant, l'hélicoptère se penche légèrement dans la direction de vol souhaitée. La poussée délivrée par le rotor principal n'agit plus exclusivement vers le bas pour porter l'hélicoptère, mais le pousse également dans la direction de l'inclinaison. De cette manière, si un hélicoptère souhaite voler en reculant, il lui suffit simplement d'abaisser légèrement sa partie arrière, de sorte que son rotor principal le pousse vers l'arrière.

À quelle vitesse un hélicoptère peut-il voler ?

Les hélicoptères ne peuvent pas voler aussi vite que les avions. Ils se déplacent à des vitesses comprises entre 200 et 250 km/h. Certains hélicoptères de combat peuvent toutefois atteindre une vitesse de 330 km/h.

Dès le XVIe siècle, Léonard de Vinci avait réalisé des esquisses d'hélicoptères. Toutefois, le premier hélicoptère qui fut véritablement en mesure de voler fut construit en 1924. Le premier hélicoptère intégralement dirigeable était le Focke-Wulf Fw 61. Il fut présenté en 1936 à Berlin, dans le hall de l'Allemagne. Le premier hélicoptère fabriqué en série fut le Bell 47 américain. Le premier hélicoptère à turbine en série est l'Alouette II, de conception française.

À quoi sert le rotor de queue ?

Si l'hélicoptère n'était équipé que de son seul rotor de sustentation, le couple de ce rotor l'entraînerait dans un mouvement de rotation dans la direction opposée. Pour contrer cela, on a placé à la queue un petit rotor anti-couple tournant sur un plan vertical par rapport au rotor principal. Il annule ainsi l'effet de couple du rotor de sustentation. Le rotor de queue utilise environ 10 % de la puissance d'entraînement disponible et permet une rotation contrôlée de l'hélicoptère autour de son axe vertical.

Que se passe-t-il lorsque le moteur tombe en panne ?

Pour des raisons de sécurité, la plupart des petits hélicoptères sont équipés d'un groupe de propulsion à moteurs doubles, en général des turbines motrices. Mais si l'intégralité des moteurs devait tomber en panne, l'appareil peut placer les pales du rotor en position de portance et ainsi atterrir en toute sécurité.

L'hélicoptère de transport NH-90 atteint une vitesse maximale de près de 300 km/h.

Quelles tâches sont assumées par les hélicoptères ?

Les hélicoptères sont utilisés dans les domaines civil et militaire. Ils transportent hommes et marchandises là où le manque de place empêche les avions d'atterrir et de décoller. La police les utilise pour surveiller la circulation et rechercher des personnes.

Qu'est-ce qu'un hélicoptère de transport sanitaire d'urgence ?

Les hélicoptères de transport sanitaire d'urgence sont surtout utilisés dans le cadre de missions de sauvetage primaires, pour transporter des patients dans des états particulièrement critiques, des brûlés, des organes humains, voire des équipes chirurgicales complètes. Contrairement aux autres ils peuvent cet hélicoptère peut voler de nuit comme de jour.

Comment devient-on pilote d'hélicoptère ?

En France, pour piloter un hélicoptère, il faut détenir une licence de pilote privé, de pilote professionnel ou de pilote de ligne. Il faut aussi être en possession notamment d'un certificat médical d'aptitude.

Au XVIIIe siècle, les frères Montgolfier inventèrent le ballon à air chaud.

Pourquoi le premier ballon à air chaud provoqua-t-il l'incendie des meubles du roi du Portugal ?

L'inventeur du ballon à air chaud, un moine brésilien du nom de Bartholomeu Lourenco de Gusmao (1685–1724), présenta son invention au roi Jean V du Portugal, à Lisbonne. Le petit ballon de Gusmao, avec des bougies disposées dans sa partie inférieure, heurta un mur de la salle royale, puis retomba sur le sol pour finalement s'enflammer, provoquant l'incendie de quelques meubles du roi.

Qui furent les premiers passagers du ballon à air chaud des frères Montgolfier ?

Après des premiers vols d'essai non habités, les frères Montgolfier (Joseph-Michel et Jacques-Étienne) firent voler en 1783 le premier ballon avec des passagers. Sous les yeux de la reine Marie-Antoinette et du roi Louis xvi s'éleva dans le ciel un ballon dont l'air était chauffé par un feu. Dans sa nacelle se trouvaient un mouton, un coq et une oie. Ils atterrirent en douceur après un vol de 2,5 kilomètres. Seul le mouton s'était foulé la jambe lors de l'atterrissage.

Comment s'acheva le premier vol d'un ballon à hydrogène ?

Le premier ballon rempli d'hydrogène fut détruit à coups de fourches à purin en 1783 dans le village de Gonesse, à proximité de Paris. Le ballon était parti de Paris, pour un vol non habité. Lorsqu'il atterrit, les paysans prirent peur de cet objet volant non identifié.

Pourquoi une montgolfière vole-t-elle ?

Dans une montgolfière, l'air est chauffé. L'air chaud est plus léger que l'air froid, il a tendance à s'élever. C'est aussi pourquoi dans une maison, les étages sont plus chauds que le rez-de-chaussée. Lors de l'ascension, l'air chaud entraîne le ballon avec lui.

À quoi servent les ballons météorologiques ?

Les ballons météorologiques atteignent des altitudes très élevées. On y fixe des appareils de mesure transmettant des données sur la température, la pression de l'air et l'humidité des zones supérieures.

Dans les ballons à air chaud, l'air est chauffé. Cet air chaud s'élève, entraînant les montgolfières avec lui.

Dans un zeppelin, le pilote et les passagers prennent place dans une cabine, sous le ballon. La direction du vol est maintenue à l'aide d'hélices pivotantes.

Pourquoi les zeppelins ne sont-ils plus aujourd'hui remplis d'hydrogène ?

L'hydrogène était autrefois utilisé dans la navigation aérienne car plus léger que l'air. Les ballons et zeppelins gonflés à l'hydrogène s'élèvent. Cependant, ce gaz est loin d'être inoffensif. Il réagit avec l'oxygène de l'air et s'enflamme. De ce fait, de graves accidents de zeppelins se sont produits. Aujourd'hui, on utilise de l'hélium, ininflammable et antidéflagrant.

Qu'est-ce qui distingue les zeppelins des montgolfières ?

Les montgolfières ne peuvent être dirigées. Elles sont poussées par le vent. Il leur est impossible de voler contre le vent et elles ne se prêtent donc pas à la circulation des personnes. Le zeppelin est doté d'un moteur et est dirigeable. Pilote et passagers prennent place dans une cabine, sous le ballon allongé.

En dépit de leur puissance, les trains ne peuvent que difficilement surmonter pentes et côtes.

Qui a construit la première ligne de chemin de fer ?

Elle fut ouverte entre les deux villes anglaises de Stockton et Darlington. Le parcours de 18 kilomètres fut autorisé en 1824 par le gouvernement anglais et inauguré officiellement le 27 septembre 1825. Son constructeur, George Stephenson, contribua largement à la construction des premières lignes de chemin de fer européennes, en France, Allemagne, Espagne, Italie, Hollande et Belgique. En outre, il se consacra une à la construction des premières locomotives.

Pourquoi les trains roulent-ils sur des rails ?

Le transport sur route nécessite le développement d'une puissance environ huit fois supérieure au transport sur rails. Ce phénomène avait déjà été identifié dans la Grèce antique. Les marins tiraient leurs bateaux sur des rails en bois le long du détroit de Corinthe.

Quelle est la plus ancienne locomotive ?

La plus ancienne locomotive fut construite entre 1803 et 1804 par l'ingénieur britannique Richard Trevithick. Le train atteignait 8 km/h, était composé de cinq wagons et pouvait transporter jusqu'à 70 personnes.

Les premières locomotives ne fonctionnaient qu'à la vapeur d'eau. Lorsque la pression était suffisante dans la chaudière, le conducteur du train actionnait un levier et la puissance était transmise aux roues motrices. Afin de produire la pression nécessaire les locomotives engloutissaient d'énormes quantités de charbon.

À quelle vitesse roulent les locomotives à vapeur ?

La locomotive à vapeur la plus rapide du monde fut la locomotive britannique Mallard. Sur la portion entre Grantham et Peterborough, elle établit le 3 juillet 1938 un record de vitesse de 201 km/h, record qui n'a toujours pas été battu.

Quelle est la puissance d'une locomotive à vapeur ?

La locomotive à vapeur la plus puissante de tous les temps fut construite en 1916 par les usines Baldwin Locomotive Works aux États-Unis. La locomotive était baptisée American No. 700 et développait une puissance de traction de 75,43 tonnes.

Quel est le train le plus rapide ?

C'est le TGV (Train à grande vitesse). Sur un tronçon entre Prény et la gare de Champagne-Ardenne TGV près de Reims, il atteignit le 3 avril 2007 une vitesse de 574,8 km/h.

Pourquoi tous les trains ne fonctionnent-ils pas à l'électricité ?

Par rapport aux locomotives diesel traditionnelles, les locomotives électriques présentent l'avantage d'être plus légères et donc de consommer moins d'énergie. Mais comme l'électrification d'une voie de chemin de fer est très onéreuse, la mise en œuvre de locomotives électriques n'est rentable que sur des parcours très empruntés.

Quelle est la puissance ?

Un ICE fournit une puissance comprise entre 6 528 ch et 280 km/h. L'ICE 3, plus puissant, dépasse les 330 km/h.

L'InterCityExpress (ICE) est le train le plus rapide de la Deutsche Bahn, la compagnie ferroviaire allemande. En ligne droite, il peut atteindre des vitesses de plus de 280 km/h.

Comment fonctionne un train à sustentation magnétique ?

Sur le train Transrapid allemand, des aimants sans frottement remplacent les roues et les rails des trains traditionnels. De puissants électroaimants répartis sur toute la longueur du train interagissent avec les rails magnétiques de la voie. Des aimants porteurs tractent le train par en dessous, à une distance d'environ 15 mm. Les bobines de guidage centrent le véhicule sur sa voie.

Comment un train à sustentation magnétique freine-t-il ?

Le freinage s'effectue par inversion des pôles du champ électromagnétique. L'énergie d'accélération est à nouveau transformée en électricité sur la voie. En cas de panne d'électricité, un frein à courants de Foucault sans contact permet de ralentir jusqu'à 10 km/h. Le train est ensuite posé sur des glissières et parvient en quelques instants à l'arrêt complet.

Quelle vitesse un train à lévitation magnétique peut- il atteindre ?

Le Transrapid allemand peut circuler à des vitesses comprises entre 300 et 500 km/h. Le record est détenu par le Maglev japonais : 581 km/h. À titre de comparaison, un TGV roule aujourd'hui à 300–350 km/h. (Le TGV Est a atteint 574,8 km/h en vitesse de pointe.)

En cas de dysfonctionnement d'un poste de conversion, tous les trains restent immobilisés sur ce tronçon d'alimentation. De par la construction en hauteur, l'évacuation des voyageurs est compliquée. C'est pourquoi les Transrapid sont équipés de « tubes de sauvetage », similaires aux escaliers d'urgence gonflables sur les avions.

Les trains à sustentation magnétiques peuvent-ils entrer en collision ?

Comme tous les trains circulant sur le même tronçon roulent dans la même direction et à la même vitesse en raison du champ électromagnétique déterminé, toute collision est exclue. La force d'entraînement est régulée par ordinateur. Ce mécanisme rend la présence d'un conducteur de train superflue.

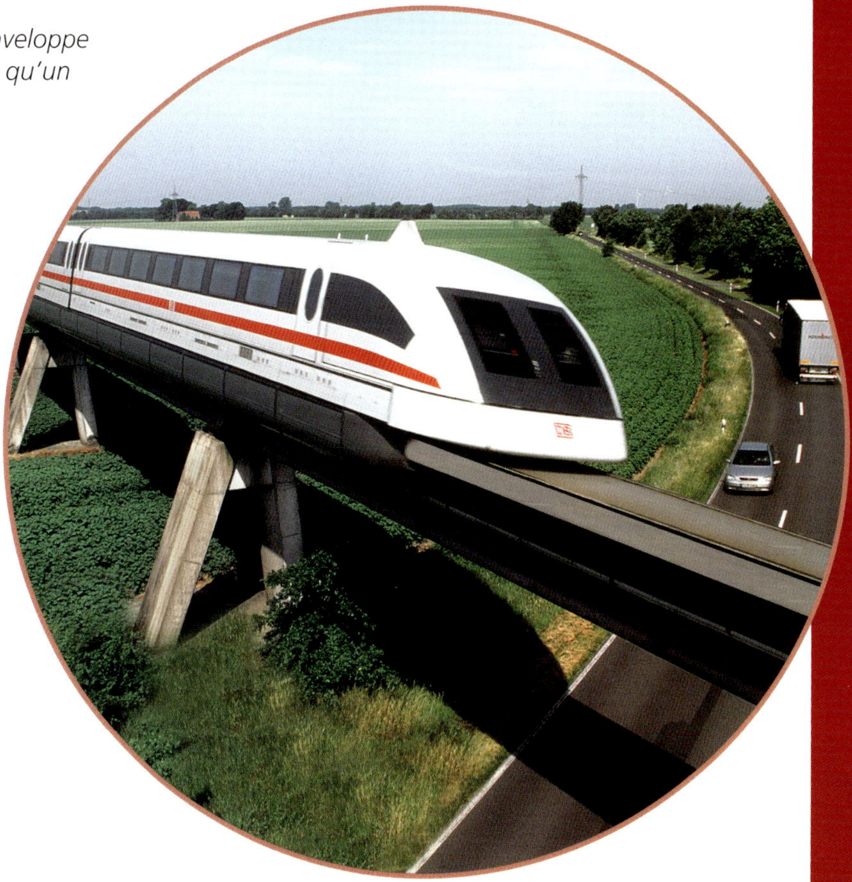

Le Transrapid enveloppe la voie, de sorte qu'un déraillement est impossible.

L'intégralité des voies du Transrapid reposant sur des piliers, elles nécessitent moins de place que les autres voies de circulation. La circulation transversale ne nécessite pas la construction de ponts et de tunnels; les animaux également peuvent passer d'un côté à l'autre en toute sécurité.

Que se passe-t-il en cas de panne de courant ?

L'alimentation du train est alors assurée par des batteries se chargeant durant le trajet. Le train reste en lévitation sur sa propre lancée jusqu'à la station la plus proche.

Le Transrapid est-il bruyant ?

Avec le Transrapid, il n'y a aucun bruit de roulements ou de chocs tels qu'on en entend avec les systèmes roues-rails. Seul le sifflement du vent peut être perçu.

Quel avenir pour les trains à lévitation magnétique ?

Il ressort des considérations écologiques et économiques qu'il est actuellement plutôt improbable que des tracés réguliers soient construits pour le Transrapid en Allemagne. En Chine, la première liaison Transrapid entre le centre-ville de Shanghai et l'aéroport de la ville a été mise en service début de l'année 2003.

Pourquoi les pelleteuses sont-elles équipées de chenilles ?

Les pelleteuses devant souvent rouler, en dépit de leur poids, sur des sols mous, si elles étaient équipées de roues, elles s'enfonceraient et resteraient coincées, ou glisseraient. Sur un engin équipé de chenilles, le poids se répartit sur toute la face inférieure de la chaîne. La pelleteuse reste stable et peut même surmonter des obstacles, comme des pierres.

Les chenilles des deux côtés peuvent être entraînées séparément. De cette façon, l'excavatrice peut tourner sur place.

D'où une pelleteuse tire-t-elle sa force ?

Les pelleteuses travaillent avec des systèmes hydrauliques. Des vérins remplis de liquide, dans lesquels se trouvent des pistons, sont reliés entre eux par des conduites. Une pelleteuse est dotée d'un vérin principal et de plusieurs vérins de travail. Quand une force est exercée sur les cylindres de travail – par leviers ou pédales et surtout par le biais de moteurs – tout le liquide du système est soumis à une pression. Selon la soupape ouverte, soit le godet se soulève, soit le bras est ramené.

Qu'est-ce qu'un chariot mobile ?

Il sert généralement sur les chantiers. Le chariot mobile d'une grue est constitué de roues fixées sur le crochet. Plus il doit être avancé au bout de la flèche, plus le poids pouvant être transporté est moindre. Sinon, la grue bascule.

Le béton est malaxé dans la bétonnière, puis via le convoyeur, est versé sur le site d'utilisation.

Les grues sont utilisées notamment dans la construction de superstructures, pour transporter le béton en hauteur.

Pourquoi les grues à tour sont-elles dotées d'une structure treillis ?

Les contre-fiches de métal procurent une stabilité particulière à la grue, comme celles des os. En outre, le vent peut souffler librement entre les interstices de la structure métallique, ce qui lui évite un balancement latéral trop fort.

Qui furent les premiers hommes à travailler dans des grues ?

Des esclaves romains, mais dans des grues sans moteur. Ils fournissaient la force nécessaire au levage des charges par le biais d'une roue.

Qu'est-ce qu'une tarière ?

Un outil hélicoïdal permettant de réaliser des forages. Une pièce de métal en forme d'hélice pénètre dans la terre. Par la rotation, le taraud se remplit de terre et est ramené au jour. Dans les sols mous, une tarière permet de creuser des trous allant jusqu'à 20 mètres de profondeur avec un diamètre de 35 cm. Les trous sont ensuite remplis de béton. Ce procédé permet de stabiliser la maison, comme les racines d'un arbre empêchent celui-ci de tomber.

Quelle machine de chantier est particulièrement bruyante ?

Le marteau-piqueur, utilisé lorsque la pelle excavatrice ne peut creuser dans un sol rocheux. L'air est mis sous pression par le biais d'un compresseur qui donne à l'air plus de puissance lorsqu'il afflue dans le marteau. Quand la soupape du marteau est ouverte, l'air comprimé déclenche un mécanisme permettant au marteau de frapper la roche avec une force décuplée.

Pourquoi la terre ne tombe-t-elle pas du camion-benne lorsque celui-ci gravit une pente ?

Une pelleteuse charge la terre excavée sur un camion-benne qui va la déposer à un autre endroit en mettant sa benne à l'oblique, via des vérins hydrauliques. Le plateau de chargement est penché en direction de la cabine du chauffeur pour éviter qu'il ne perde sa cargaison lorsqu'il gravit une pente.

Les tombereaux géants permettent de transporter entre 200 et 300 tonnes de matériaux. À cet effet, les camions s'appuient sur des moteurs puissants. Ceux-ci affichent une puissance maximale de 2 000 kilowatts.

Un funiculaire peut-il fonctionner sans électricité ?

Le système du funiculaire se compose de deux trains, chacun à une extrémité du câble. La station en amont abrite une poulie qui dirige le câble, de façon à ce que les deux files de rails restent parallèles. Aujourd'hui, les funiculaires en montagne sont électriques. Mais autrefois, on remplissait d'eau un réservoir du train qui se trouvait dans la station en amont. De cette façon, son poids était supérieur à celui dans la station aval et il tractait ce dernier avec ses passagers.

À quoi servent les tombereaux géants ?

Ils sont utilisés dans le monde entier dans des mines à ciel ouvert et carrières, pour l'extraction de matières premières. Ce sont des véhicules de transport aux imposantes dimensions. Le plus grand tombereau peut transporter jusqu'à 360 tonnes. Ils déplacent d'incroyables quantités de matériaux et permettent de ce fait de réduire les coûts de production.

Quelle est la plus haute ligne de chemin de fer en France ?

Il s'agit du tramway du Mont-Blanc ou TMB, une ligne de chemin de fer à crémaillère, reliant Saint-Gervais au glacier du Jonnassay. Les trains à crémaillère conviennent mieux aux fortes dénivellations de montagne. Entre les rails lisses est inséré un troisième rail denté. Sur ce rail denté vient s'enclencher la roue dentée du train qui le tire vers le haut.

Avec son élément de levage, composé d'un mât et d'un porte-charge, le chariot élévateur peut soulever des poids importants. On parle également d'élévateur à fourche en raison des deux dents en avant du véhicule, levées par le biais d'un système hydraulique.

Avec 18 godets fixés à une roue-pelle d'un diamètre d'environ 20 mètres, l'excavateur à roue-pelle creuse dans la lignite à proximité de Leipzig.

À quoi sert un excavateur à roue-pelle ?

Les excavateurs à roue-pelle sont des excavatrices fixes qui, dotées de 18 godets dentés fixés sur une roue, peuvent évacuer en continu le matériau excavé. Celui-ci est ensuite transporté via des convoyeurs à bande. Les excavateurs à roue-pelle peuvent excaver jusqu'à 240 000 tonnes de lignite par jour.

Pourquoi un chariot élévateur ne bascule-t-il pas en avant ?

Les chariots élévateurs sont conçus pour le transport de palettes. Ils sont capables de soulever des poids supérieurs à ce que pourrait faire un homme. À l'arrière, il est équipé d'un contrepoids évitant qu'il ne bascule en avant.

De quels véhicules les pompiers ont-ils besoin ?

Pour éteindre un incendie, les pompiers ont besoin de trois véhicules : les véhicules de lutte anti-incendie équipée d'une échelle pivotante, ce sont les véhicules EPA (échelle pivotante automatique). Cette échelle est nécessaire pour évacuer des personnes situées dans les étages supérieurs d'une maison en feu. Parfois, les pompiers les utilisent aussi pour aller chercher un animal égaré perché dans un arbre. Les véhicules anti-incendie servent à acheminer pompiers et matériels sur le lieu d'intervention, dont les lances. Elles sont connectées aux bouches d'incendie, dans la rue, à proximité du sinistre. En cas de feu de forêt, ce raccordement est impossible car il n'y a pas d'alimentation en eau. Il faut alors faire intervenir un camion-citerne feu de forêt (CCF).

Qu'est-ce qu'un pousse-pousse ?

Un pousse-pousse est une voiturette à deux roues tirée par un homme permettant de transporter des personnes. Si le « chauffeur » est à vélo, on parle de cyclo-pousse. On les utilise surtout en Asie.

Pourquoi les bateaux flottent-ils ?

Les bateaux sont souvent fabriqués avec du métal qui est très lourd. Et pourtant, ils ne coulent pas, tant que la coque ne présente pas de trou. Entre les parois de fer est enfermée une grande quantité d'air, très léger. Si l'on considère la totalité parois + air, le bateau affiche une densité inférieure à celle de l'eau. Il flotte. Le phénomène est le même qu'avec un enfant nageant avec une bouée. Si l'on calcule le volume de l'enfant, bouée comprise, un décimètre cube de l'ensemble pèse moins d'un kilo. Or un décimètre cube d'eau pèse un kilo. Donc l'enfant flotte.

Les bateaux de croisières sont des navires de loisirs. Ils sont le plus souvent équipés de piscines, boutiques ou salons.

Quelle est la taille d'un conteneur de bateau ?

Les conteneurs de bateaux ont des dimensions impressionnantes : 6 m de long, pour 2,5 m de large et 2,5 de haut. Certains sont deux fois plus longs. Ils s'adaptent parfaitement les uns aux autres de façon à s'empiler sur le pont du bateau.

Que transportent les porte-conteneurs ?

On peut expédier de tout par conteneur : une machine, une voiture, des denrées alimentaires telles que des bananes ou du sucre, des meubles d'un déménagement. Le conteneur présente l'avantage de pouvoir être rempli à la maison ou à l'usine, puis transporté par train ou camion jusqu'au port, puis embarqué pour la traversée. Les conteneurs d'un cargo appartiennent à de nombreuses personnes différentes.

Quel avantage présentent un cargo de divers et un vraquier ?

Dans la mesure où le remplissage des containers n'est pas optimal, il y a souvent une grande quantité d'air transportée. Les cargos de divers et vraquiers sont équipés de plusieurs grandes cales de chargement, chacune pouvant contenir 10 000 tonnes. Ces cales ont un taux de remplissage supérieur aux conteneurs. Les vraquiers et les cargos de divers sont presque toujours affrétés pour de grandes sociétés. Les vraquiers transportent par exemple des copeaux de bois, du ciment, du charbon, des céréales, etc.

Vue sur une gare à conteneurs : la taille des conteneurs est mesurée de façon à ce qu'ils puissent être transportés à la fois par les camions et les trains de marchandises.

Les bateaux à voile sont intégralement ou essentiellement propulsés par le vent. Jusqu'au XIXe siècle, ils étaient le premier moyen de transport sur longues distances. Les grands voiliers transportaient des biens en vrac (charbon, salpêtre...). Tous les 4 ans, Brest accueille un grand rassemblement de voiliers traditionnels ou d'inspiration classique du monde entier, la Fête maritime internationale, qui a accueilli en 2008 le Cisne Branco (le Cygne blanc), réplique brésilienne des clippers du XIXe siècle.

Où se trouve le bateau le plus ancien de la terre ?

Le plus ancien bateau recensé à ce jour a été découvert en 1954 dans la pyramide égyptienne de Gizeh. Il s'agit d'un bateau de sépulture, fabriqué pour le pharaon. Sa dépouille avait été transportée de l'autre côté du Nil dans ce navire.

Y a-t-il le feu sur un bateau-feu ?

Les bateaux-feux sont des bateaux ancrés sur un site fixe. À bord de ces bateaux se trouve un phare. Autrefois, il s'agissait d'un véritable feu ou d'une torche, qui furent ensuite remplacés par des bougies, des lanternes ou des lampes à pétrole. La lumière permet aux bateaux de s'orienter. Les bateaux-feux sont signalisés sur les cartes maritimes. Mais aujourd'hui, presque tous les navires sont équipés d'un GPS, un système d'orientation par satellite.

Comment s'appelle un bateau avec deux coques ?

C'est un catamaran. Les deux coques plongées dans l'eau sont reliées par une plateforme. Les catamarans tanguent moins que les bateaux conventionnels. En tant que ferries, ils peuvent offrir des surfaces nettement plus importantes. Le mot catamaran est issu de la langue indienne tamoule, signifiant à l'origine « bois relié ». Initialement, les premiers catamarans étaient constitués de trois à cinq troncs de bois reliés entre eux. Sur la côte occidentale de l'Inde, au Sri Lanka et en Polynésie, ils ont été équipés de voiles.

Existe-t-il des usines flottantes ?

Les bateaux-usines sont des usines à poissons flottantes. Sur ces bateaux, les prises sont immédiatement traitées. En général, le bateau-usine est accompagné de bateaux de pêche supplémentaires. L'usine est composée d'une machine qui lave trie et étête les poissons, d'une ébreuilleuse qui les éviscère, et d'installations pour lever les filets et effectuer la conservation, et d'appareils à surgeler et emballer. Les déchets et poissons trop petits sont transformés en huile et farine. Ces bateaux permettent aux bateaux de pêche de ne pas rentrer au port chaque jour pour décharger le produit de leur pêche.

Un grand voilier toutes voiles déployées. Autrefois, ils servaient à transporter des biens sur tous les océans du monde.

Depuis quand existe-t-il des sous-marins ?

Un sous-marin est un navire conçu pour la navigation sous-marine et à vocation militaire. Il existe des sous-marins d'usage civil, surtout consacrés à la recherche océanographique. Les premières esquisses de sous-marins datent de 1665 et la première réalisation qui fonctionna fut conçue en 1776 par l'Américain David Bushnell. Les deux hélices étaient actionnées par une manivelle à main. Les sous-marins furent produits en série à la fin du XIXe siècle.

Comment restent-ils immergésr ?

En plongée, la coque d'un sous-marin est entièrement dans l'eau. Afin de se maintenir à une certaine profondeur, l'équipage doit équilibrer avec précision le poids spécifique du navire avec celui de l'eau. Mais un sous-marin a toujours tendance à monter ou à plonger davantage. Ces propensions peuvent être compensées par des barres de plongée horizontales, tant que le navire reste en mouvement.

À quelle profondeur les peuvent-ils plonger ?

À 600 m de profondeur pour les sous-marins militaires. Les sous-marins russes à propulsion nucléaire et coque pressurisée en titane peuvent opérer à plus de 1 000 mètres de profondeur. De par leur coque pressurisée généralement sphérique et stable, les sous-marins civils destinés à la recherche océanographique atteignent n'importe quel point du sol sous-marin.

Un sous-marin nucléaire américain en opération. Sur les sous-marins atomiques, l'électricité nécessaire à l'entraînement des moteurs électriques est produite par des réacteurs nucléaires adaptés à l'embarquement. Ces navires peuvent rester des mois entiers en immersion, l'oxygène étant fourni par l'électrolyse de l'eau de mer.

Pour remonter et naviguer en surface, des ballasts sont remplis d'air.

Comment les sous-marins se pilotent-ils?

Pour plonger, les sous-marins remplissent leurs ballasts avec de l'eau, de sorte que la coque devient plus lourde que l'eau environnante. Pour remonter en surface, de l'air est insufflé dans les ballasts. On dit que le sous-marin chasse aux ballasts. Le navire devient à nouveau plus léger que l'air et remonte. Des caisses de réglage et des caisses d'assiette permettent de contrôler la position et la profondeur avec plus de précision. En immersion, les barres de plongée assurent les mouvements de barrage.

Comment les sous-marins s'orientent-ils ?

En immersion, les sous-marins utilisent des radars pour s'orienter. S'il navigue juste sous la surface, le navire s'oriente à vue par le biais d'un périscope. En plongée, il dépend de ses capteurs acoustiques pour détecter les autres navires ou les obstacles. Il peut s'agir de micros sous-marins passifs ou de sonars qui envoient des impulsions sonores et reconstituent sur écran une image de l'environnement à partir de l'écho.

Comment la propulsion des sous-marins est-elle assurée ?

L'entraînement des hélices est essentiellement assuré par des moteurs électriques, tirant leur énergie de batteries, réacteurs atomiques ou cellules à combustible. Du fait de leurs besoins en oxygène, il est impossible d'utiliser des moteurs diesel ou des turbines à gaz.

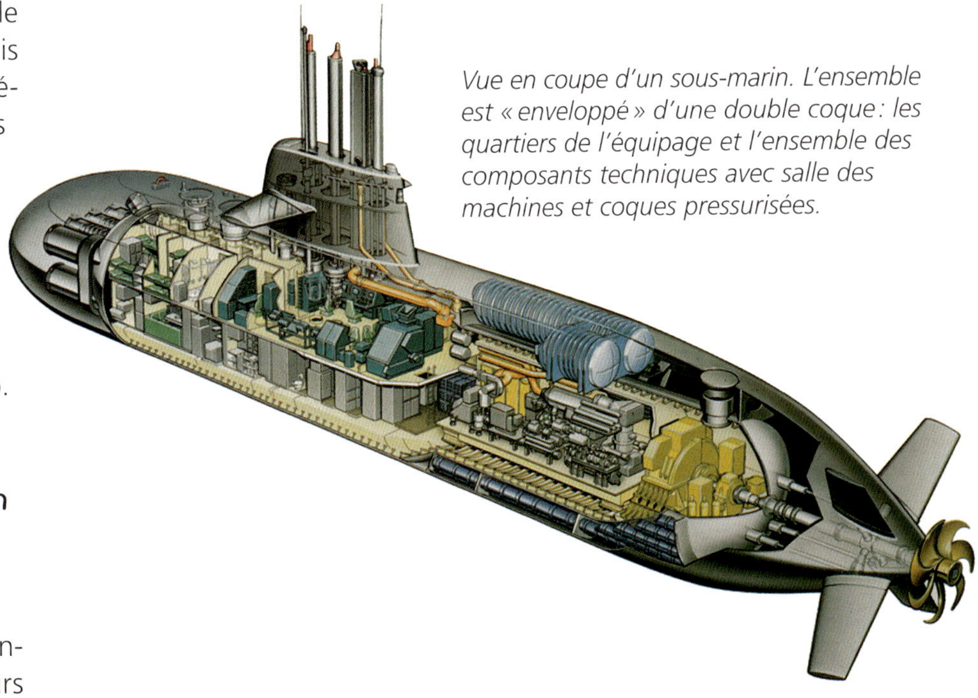

Vue en coupe d'un sous-marin. L'ensemble est « enveloppé » d'une double coque : les quartiers de l'équipage et l'ensemble des composants techniques avec salle des machines et coques pressurisées.

Énergie

Vivre consomme de l'énergie. Le corps l'absorbe sous la forme de nourriture, afin de produire de la chaleur et de pouvoir se déplacer. Et notre civilisation veut avoir chaud et pouvoir être mobile. Cependant, ce qui fait fonctionner les chaudières, les voitures et les ordinateurs ne pousse pas dans les champs. Et contrairement au corps qui grossit ou tombe malade lorsqu'il ingurgite plus qu'il ne dépense, on ne peut voir si le métabolisme énergétique de la société est à l'équilibre ou non. Comme nous savons tous aujourd'hui que les matières premières telles que le pétrole ou le charbon ne sont pas inépuisables, les alternatives renouvelables prennent une importance toujours plus grande.

Les vents font tourner les éoliennes. Mais d'où vient le vent ?

Là où le soleil chauffe le sol, l'air chaud s'élève. Les régions de la planète n'étant pas toutes soumises au même rayonnement, des zones de hautes et de basses pressions se créent. L'air circule entre ces zones et le vent est impulsé par le soleil.

Notamment aux Pays-Bas, les moulins à vent furent essentiellement utilisés pour assécher les terres arables et moudre les céréales.

Qui a inventé le moulin à vent ?

Les premiers moulins à vent furent érigés en Perse dès le VIIe siècle. Leurs ailes tournaient autour d'un axe vertical.

Quels types de moulins à vent furent construits en Europe ?

On commença à construire des moulins à vent en Europe au XIe siècle. Au XIIIe siècle fut inventé le moulin chandelier qui peut être entièrement orienté de façon à ce que les ailes puissent faire face au vent. Deux siècles plus tard, le moulin tour commença à s'imposer. Sur ce type de moulin, seul le toit peut être orienté dans le vent, et non plus l'intégralité du corps du moulin.

Comment les moulins à vent captent-ils le vent ?

Dans la zone méditerranéenne, les ailes de la plupart des moulins à vent étaient faites d'un simple voile triangulaire. Si le vent était trop fort, le meunier roulait quelques voiles. En Europe du Nord, au XVIIIe siècle, on les remplaça par des armatures de bois. En cas de vent faible, elles restaient fermées. Mais dès que le vent forcissait, les éventails étaient ouverts, de façon à conserver une pression constante.

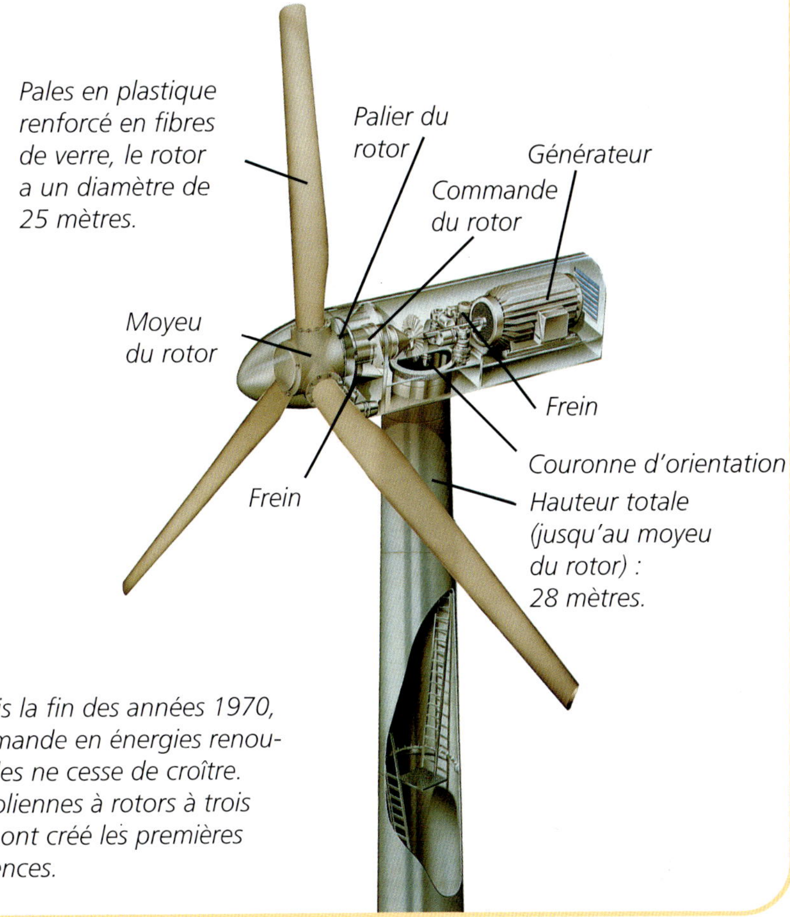

Depuis la fin des années 1970, la demande en énergies renouvelables ne cesse de croître. Les éoliennes à rotors à trois pales ont créé les premières références.

Quelles fonctions assurent les installations éoliennes ?

Les installations éoliennes actuelles produisent de l'électricité qui peut être destinée aux usages les plus divers et sur de nombreux sites. L'énergie que produisaient les anciens moulins à vent n'était consommée que sur place. Elle permettait de découper des troncs, moudre des céréales ou actionner des marteaux de forge. Aux Pays-Bas, les moulins asséchaient les terres labourables avec des pompes.

Comment une éolienne moderne est-elle conçue ?

Une éolienne permettant de produire de l'électricité est composée d'un mât fixe en acier ou en béton. Il est surplombé de la nacelle à l'avant de laquelle sont fixées les pales du rotor. Elles entraînent un arbre relié au générateur placé dans la nacelle. Il transforme l'énergie cinétique en courant électrique.

Comment une éolienne obtient-elle son meilleur rendement ?

Les éoliennes sont équipées de girouettes, d'appareils de mesure ou de capteurs, lesquels enregistrent la direction et la force du vent. Un ordinateur calcule l'orientation que doit adopter la nacelle et quelle incidence appliquer aux pales du rotor de façon à utiliser le vent de façon optimale. Si le vent est trop fort, il retient le rotor pour éviter qu'il ne se brise. Un vent très faible suffit à faire tourner les pales.

Quels sont les avantages de l'énergie éolienne ?

L'énergie éolienne compte parmi les formes d'énergies dites renouvelables. Cela signifie qu'elle est inépuisable. Elle se reforme constamment. De plus, les éoliennes ne produisent aucun gaz nocif.

L'énergie éolienne présente-t-elle des inconvénients ?

Pour les riverains, le vrombissement continu du générateur et l'ombre alternée des pales du rotor peuvent entraîner une véritable gêne. Le choix d'un site est délicat, dans la mesure où d'autres facteurs interviennent également : des oiseaux peuvent se prendre dans les rotors. Aussi, les zones de nidification sont-elles exclues.

Avec la roue à aubes « en dessus », l'eau s'écoule par le haut sur la roue. Ce n'est pas la vitesse du courant, mais le poids de l'eau qui imprime la rotation.

Depuis quand l'homme utilise-t-il l'énergie hydraulique ?

Les premiers moulins à eau ont vraisemblablement été construits par les Grecs au ier siècle av. J.-C. Même dans les premières usines, la force hydraulique était mise à profit pour faire tourner des roues.

Les roues des moulins ont-elles toujours été verticales ?

Non. Les premières roues à eau étaient disposées à l'horizontale dans l'eau. Ce n'est que plus tard que naquit l'idée de faire couler l'eau par le haut dans les aubes de la roue verticale.

Comment la meule du moulin peut-elle tourner ?

Les godets de la roue sont disposés de façon à se remplir lorsque l'eau coule par le haut. Leur poids les entraîne vers le bas et la roue tourne autour de son arbre d'essieu. Celui-ci transmet le mouvement, via des engrenages, à la meule qui moud alors les céréales.

Au cœur des grandes centrales hydroélectriques se succèdent les groupes de turbo-alternateurs. Par la mise en circuit de chambres, on peut augmenter la puissance électrique produite. Cela permet également de contrôler la quantité d'eau dans le cours du fleuve, en aval de la centrale.

La meule tourne-t-elle au même rythme que la roue à aubes ?

Non, car elle serait alors trop lente pour moudre le grain. Aussi les meuniers s'appuient-ils sur le principe de la démultiplication : une petite roue dentée s'engrène dans la grande roue dentée de l'axe de la roue à aubes, et de fait, tourne plus vite.

Quelle est l'importance des roues à aubes aujourd'hui ?

Désormais, les roues à aubes ne servent plus qu'aux écoles, aux musées ou aux jardiniers paysagistes. D'un point de vue économique, elles ne sont plus utilisées.

Les moulins à papier étaient-ils en papier ?

Non, les moulins à papier étaient faits de pierre et de bois. Mais ils servaient à la production de papier. Le mécanisme déchire des chiffons et les broie avec d'autres matériaux, pour constituer une pâte à partir de laquelle sera produit le papier.

Comment marche une centrale hydroélectrique ?

Dans les centrales hydroélectriques, les turbines remplacent la roue à eau du vieux moulin. Elles entraînent un générateur qui produit de l'électricité.

Où se trouve la plus grande centrale hydroélectrique du monde ?

Itaipu, sur le fleuve Paraná, à la frontière entre le Brésil et le Paraguay. Elle développe une puissance de 12 600 mégawatts. Elle permettrait d'alimenter 126 000 000 d'ampoules d'une puissance de 100 watts chacune.

L'énergie hydraulique est-elle écologique ?

En soi, oui, car elle compte parmi les énergies renouvelables. Pour l'eau qui s'écoule dans la vallée, la captation de son énergie pour produire de l'électricité n'a aucune incidence. La problématique réside dans la construction d'énormes barrages et de digues de vallées, susceptibles perturber l'équilibre écologique de toute une région.

La centrale hydroélectrique d'Itaipu alimente en électricité l'ensemble du Paraguay et une partie du Brésil.

L'homme peut-il vivre seulement à partir de l'énergie solaire ?

Dans le principe, oui. En une heure, le soleil envoie sur la Terre autant d'énergie que tous les hommes de la planète consomment en un an. La difficulté consiste uniquement à rendre cette énergie exploitable sur le plan industriel.

Comment puis-je me préparer un thé avec l'énergie solaire ?

Recouvre un abat-jour, percé d'un trou au centre, d'une feuille d'aluminium. Place-le à l'envers dans un récipient, de façon à ce que son ouverture principale soit tournée vers le soleil. Au centre de l'abat-jour, là où se trouverait normalement l'ampoule, place une tasse contenant de l'eau, sur un objet pour la remonter, de façon à ce qu'elle se trouve au centre des rayons. Lorsque l'eau fume, tu peux retirer ta tasse et y plonger un sachet de thé. Attention, la tasse est chaude !

Comment fonctionne une centrale hélioélectrique ?

Une centrale hélioélectrique fonctionne sur le même principe que notre abat-jour/bouilloire Quatre miroirs orientent les rayons du soleil et les concentrent. Au centre du faisceau se trouve une grande chaudière dans laquelle l'eau se vaporise. Cette vapeur d'eau actionne des turbines qui produisent de l'électricité.

Si vous remplacez vos tuiles par des modules photovoltaïques et produisez de l'énergie pour le réseau, vous pourrez obtenir des subventions et pourrez acquérir de l'électricité à moindre coût.

Que fait un capteur solaire ?

On parle également de panneau solaire. Placé sur le toit d'une maison, un capteur solaire collecte la chaleur du soleil. Des tubes métalliques noirs sont posés à l'intérieur d'un cadre métallique. De l'eau est pompée dans ces tubes. Et si le soleil brille fort, l'eau devient brûlante en circulant dans ces tubes.

Un capteur solaire fonctionne-t-il aussi en hiver ?

Oui. Le froid n'a aucune incidence sur les capteurs solaires. Quand le soleil brille fort, tu peux prendre une douche après avoir fait de la luge. La puissance du soleil d'hiver suffit à faire fonctionner le lave-linge et la chaudière. Presque toutes les maisons ayant de tels capteurs ont aussi un chauffage d'appoint, au cas où le ciel resterait couvert plusieurs jours.

Les dispositifs de surveillance de la circulation fonctionnent de plus en plus à l'énergie solaire.

À Berlin, le Reichstag est doté de panneaux solaires couvrant plus de 300 mètres carrés.

Tu as envie de prendre une douche dans ton jardin ?

Prends une grosse bouteille en plastique. Entoure-la d'un film noir et place-la au soleil. Pique des petits trous dans un sac en plastique et fixe-le avec des élastiques ou un lacet autour du col de la bouteille. Une fois la bouteille chaude, attache-la à l'envers à une branche.

Qu'ont en commun une cellule photovoltaïque et une puce électronique ?

Elles sont constituées de silicium. Ce semi-conducteur est le principal composant du sable. Une cellule solaire se compose de deux couches de silicium. L'une est dite dopée arsenic et l'autre dopée bore. L'une des couches peut transporter des particules chargées positivement et l'autre des particules chargées négativement. La lumière solaire donne ainsi une « légère pichenette » aux électrons qui changent de couche. C'est ainsi que l'électricité est produite.

As-tu déjà vu une voiture fonctionnant à l'énergie solaire ?

Ces voitures solaires sont rares. On ne sont pas produites en série. On trouve en général des voitures électriques fonctionnant à l'énergie solaire. L'installation solaire est montée sur le toit du garage. Et c'est là qu'elle « fait le plein » d'électricité pour charger ses batteries. Elles n'émettent aucun gaz d'échappement.

Existe-t-il des véhicules fonctionnant à l'énergie nucléaire ?

Oui, dans les sous-marins qui ne peuvent utiliser des moteurs à explosion sous l'eau en raison des gaz d'échappement, l'énergie est fournie par de petits réacteurs nucléaires. Le Nautilus fut le premier sous-marin à propulsion atomique et permit de connaître les durées d'immersion possibles avec cette technologie. Il fut lancé en 1954 par l'US Navy, équipé pour rester 60 jours en immersion. Quatre ans plus tard, le 3 août 1958, le Nautilus atteignit la calotte glaciaire du pôle Nord.

Les cheminées font partie du système de refroidissement d'une centrale nucléaire. Il s'en échappe de la vapeur d'eau.

Comment fonctionne la fission nucléaire ?

Il s'agit d'une réaction en chaîne. Les neutrons, des petites particules électriquement neutres, sont bombardés sur un atome d'uranium. L'atome d'uranium se scinde. Cette scission génère trois nouveaux neutrons qui peuvent à leur tour scinder trois noyaux atomiques. Cette fission d'atomes d'uranium libère une importante énergie thermique. Cette énergie est utilisée pour vaporiser de l'eau. La vapeur d'eau entraîne une turbine qui produit alors de l'électricité.

Les pastilles de combustible sont-elles délivrées sur ordonnance ?

Non. Ce ne sont pas des médicaments, mais des éléments dont sont dotées les barres de combustible des centrales atomiques. Les pastilles d'oxyde d'uranium sont chargées dans des tubes métalliques de trois mètres de long. L'ensemble gaine-pastilles est pressurisé à l'hélium, puis inséré dans le réacteur. Des barres de pilotage contrôlent la vitesse des réactions.

Pourquoi le rayonnement radioactif est-il nocif ?

On appelle radioactivité la désintégration de noyaux atomiques. Cette radioactivité est mesurée en becquerel. Le rayonnement radioactif pénètre quasiment tous les matériaux et les tissus humains. La division des cellules irradiées ne s'effectue plus correctement. Des tumeurs apparaissent, se développent dans les tissus sains avoisinants, puis les détruisent.

Les déchets générés par la fission de l'atome sont stockés dans des conteneurs en acier de ce type, arborant le symbole de la radioactivité.

Le soleil fonctionne selon le principe opposé d'un réacteur nucléaire. Au cœur de l'étoile, les atomes ne sont pas scindés, de petits noyaux fusionnent pour en former de plus gros. Cette fusion atomique engendre une importante quantité de chaleur. À l'heure actuelle, la fusion nucléaire ne peut être appliquée à la production d'énergie, car le procédé est techniquement complexe. Pour rapprocher suffisamment des atomes au point qu'ils fusionnent, il faut surmonter leur répulsion électrique.

Où fut construite la première centrale nucléaire ?

L'énergie atomique fut testée de nombreuses années, et des réacteurs expérimentaux furent même construits. La première centrale qui produisit de l'électricité à usage civil se trouvait à Obninsk, à une centaine de kilomètres au sud-ouest de Moscou.

À quoi sert une enceinte de confinement ?

Ce sont les bâtiments contenant les réacteurs qui sont recouverts d'un manteau d'acier et de béton. Le conteneur en acier est imperméable à l'air et empêche que de l'eau ou de la vapeur radioactives ne s'échappent. Le béton est destiné à bloquer le rayonnement, en cas de fuite radioactive.

Qu'est-ce qu'un AMP ?

AMP signifie « accident maximal prévisible ». L'accident nucléaire le plus grave recensé à ce jour est celui de la centrale nucléaire de Tchernobyl. Les techniciens voulaient tester les crayons de combustible. Ils les retirèrent de l'eau de refroidissement. Comme la centrale nucléaire ne produisait alors que peu d'électricité, ils déconnectèrent les systèmes d'alarme et de refroidissement d'urgence. Alors qu'ils testaient les crayons, ils augmentèrent brusquement la puissance du réacteur, lequel ne pouvait plus se désactiver. Le combustible se désintégra, le réacteur explosa, et les particules de combustible s'échappèrent dans l'air. Aux abords de la centrale, de nombreuses personnes contractèrent des leucémies.

L'énergie nucléaire est-elle écologique ?

Les avis des spécialistes divergent. D'une part, l'électricité produite via l'énergie nucléaire ne génère aucune émission gazeuse, d'autre part, une fois la fission effectuée, le combustible est toujours là. Ces déchets radioactifs doivent être stockés dans des sites, mais ils restent dangereux pendant 100 000 ans. Tant qu'une centrale fonctionne sans problème, elle ne libère presque aucune radioactivité dans l'environnement. En cas de dysfonctionnement, des zones entières peuvent rester contaminées très longtemps.

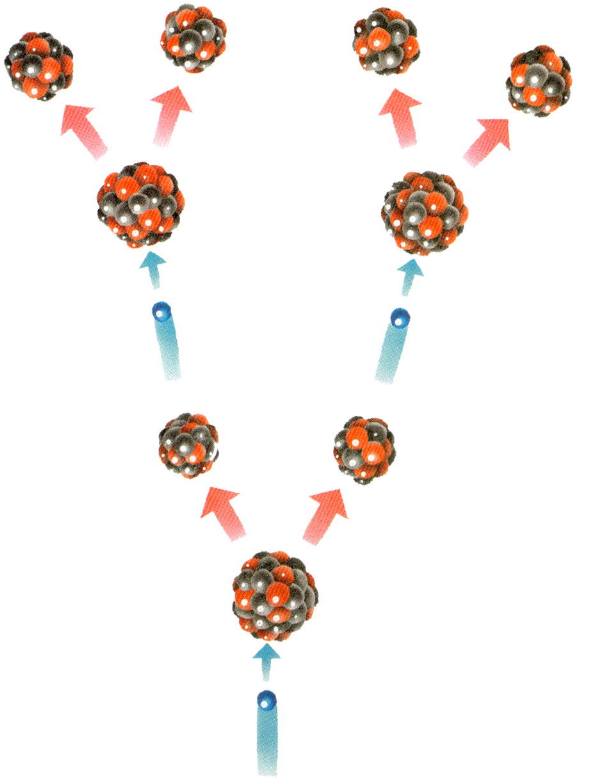

Ce schéma illustre la réaction en chaîne. De nouvelles générations de neutrons, qui ne cessent d'apparaître (en bleu) scindent les noyaux atomiques.

Que sont les combustibles fossiles ?

On appelle combustibles fossiles le lignite, la houille, le pétrole et le gaz naturel. Ces combustibles se sont formés il y a des millions d'années, issus de la décomposition de plantes et d'animaux, se transformant en hydrocarbures ou en carbone pur. Ils sont combustibles et fournissent de l'énergie. Mais leur combustion produit des gaz toxiques tels que le dioxyde de soufre et le gaz carbonique.

Aurai-je plus d'énergie si je mange du charbon ?

Non. Le corps humain ne peut transformer le charbon en énergie. Mais on peut acheter en pharmacie des médicaments à base de charbon. Ils contribuent seulement à guérir la diarrhée.

Le dioxyde de carbone est-il dangereux ?

Oui, s'il parvient dans le sang via la respiration. Le dioxyde de carbone est toujours présent dans l'air en quantités infimes. Même si l'air que tu respires contient plus de 5 % de CO_2, tu perds connaissance. Le CO_2 des gaz d'échappement des voitures s'accumule à proximité du site. Plus on est petit, et plus on respire de gaz carbonique sur le bord des routes. Aujourd'hui, la combustion de charbon et d'essence ne cesse d'augmenter le taux de ce gaz dans l'air. Ce gaz à effet de serre réchauffe l'atmosphère terrestre, entraînant la fonte des glaces polaires.

Le pétrole brut est pompé depuis les sites d'extraction jusqu'aux ports de chargement via de gros tuyaux, appelés pipelines. Une fois raffinés en essence ou en fioul, les combustibles parviennent aux consommateurs finaux, comme, les centrales thermiques.

La combustion du charbon a pendant très longtemps été la principale source de production d'électricité. Bien qu'elles doivent aujourd'hui être équipées de filtres les plus modernes, les émanations de ces centrales en dioxyde de carbone représente une nuisance pour l'équilibre climatique.

Le pétrole et l'essence nous sont livrés par camions-citernes. Mais auparavant, ils ont déjà parcouru de très longues distances au sein de pipelines et bien souvent, ont également franchi les océans dans le ventre d'un pétrolier.

D'où vient le charbon ?

Il y a 300 millions d'années s'étendaient dans la région de la Ruhr en Allemagne de gigantesques forêts marécageuses de prêles. Ces arbres qui tombaient s'enfonçaient dans le sol marécageux et se décomposaient. D'abord le produit de cette décomposition fut la tourbe, puis le lignite et enfin la houille.

D'où vient le pétrole ?

Le pétrole et le gaz naturel résultent d'organismes vivant et de végétaux marins, vieux de plusieurs millions d'années. Dans les fonds, ils se sont décomposés en hydrocarbures, en pétrole.

À partir de quoi les bottes en plastique sont-elles faites ?

À l'origine, les produits en caoutchouc n'étaient fabriqués qu'avec du caoutchouc naturel, la résine du caoutchouc. Aujourd'hui, la plupart des gommes et des matières plastiques sont à base de pétrole.

Comment le pétrole est-il transporté ?

Les consommateurs de pétrole habitent le plus souvent très loin du site où il est extrait. Nous recevons une grande quantité de pétrole en provenance d'Asie Mineure. De grands pétroliers sillonnent les mers pour le transporter. Mais bien souvent, le pétrole a déjà parcouru des milliers de kilomètres au cœur des pipelines avant d'être chargé sur les pétroliers.

On pensait que l'avènement de l'ère informatique allait réduire la consommation de papier. Mais le phénomène contraire s'est produit : nous produisons toujours des montagnes de vieux papier. Certes, celui-ci peut être recyclé plusieurs fois, mais il arrive tout de même un moment où il n'est plus que déchet et doit être éliminé.

Les prix du marché mondial de l'acier ne cessent d'augmenter, aussi le métal usagé et la ferraille sont à nouveau des matériaux de recyclage hautement prisés. Ils sont fondus, puis réutilisés.

Que signifie recyclage ?

Le recyclage signifie qu'un matériau est réintroduit dans le circuit de production de produits. Une conserve en aluminium est transformée en ferraille, laquelle ferraille servira à fabriquer une canette pour boisson.

Pourquoi n'existe-t-il pas de papier recyclé très fin ?

Le papier est constitué de fibres, généralement issues du bois. Dans le papier fabriqué à partir de bois fraîchement abattu, ces fibres sont encore longues et collent les unes aux autres. Ainsi, la fabrication requiert moins de colle tout en permettant de produire du papier fin. Mais à chaque recyclage, les fibres sont rompues et ne cessent de se raccourcir. Il faut donc à ce stade fabriquer un papier plus épais ou bien, comme pour le papier journal, ajouter une proportion de bois frais. Mais il faut aussi économiser le papier recyclé, car en effet, le cycle du papier ne peut se répéter à l'infini.

Que signifie « recyclage thermique » ?

Dans le cadre du recyclage thermique, les matières plastiques et autres déchets ne sont pas fondus ou mis dans le circuit du recyclage : ils sont brûlés. Avec la chaleur dégagée, on peut produire de l'électricité ou bien cette chaleur est acheminée vers les maisons, comme source de chaleur extérieure.

Comment puis-je reconnaître du verre recyclé ?

Les bouteilles en verre blanc ne sont jamais fabriquées avec du verre recyclé, alors que celles de couleur le sont. À partir de bouteilles fondues, on fabrique du verre brun pour les bouteilles de bière et de limonade, et du verre vert pour les bouteilles de vin.

Et où dois-je jeter le verre bleu ?

En Allemagne, par exemple, on dispose de containers pour chaque couleur de verre. Ce n'est pas encore le cas en France. La solution consiste donc à le jeter dans n'importe quel container destiné au verre.

Peut-on aussi recycler les épluchures de pommes de terre ?

C'est une autre forme de recyclage. Les restes de légumes, les filtres à café et les coquilles d'œufs peuvent être jetés sur le tas de compost dans le jardin ou dans un container à compost sur le balcon. Ils produisent un humus de qualité qui permettra aux fleurs de mieux pousser. Dans certaines villes, les déchets organiques sont collectés et compostés sur un site centralisé.

Le recyclage est-il écologique ?

Bien évidemment, il est préférable de recycler les matériaux, plutôt que de les brûler ou de les jeter à la décharge. Mais la fusion des métaux ou du verre consomme aussi de l'énergie. La vraie attitude écologique est simplement de ne pas trop produire de déchets, ainsi, lorsque tu prends un panier pour aller faire les courses, plutôt que de demander des sachets en plastique, ou bien que tu transformes ton ordinateur plutôt que de racheter un ensemble.

Le verre est un matériau précieux. C'est pourquoi les bouteilles ou les bocaux doivent être jetés dans les containers à verre, disposés en de multiples endroits.

À quoi servent les stations d'épuration ?

Toutes les matières solides telles que papier toilette et restes d'aliments sont récupérés dans les bassins de prétraitement. Les matières lourdes, comme les déjections, se déposent sur le fond et peuvent ensuite être pompées ; ce sont les boues d'épuration.

Pourquoi les bassins sont-ils toujours brassés ?

Dans les bassins d'épuration se trouvent des bactéries destinées à absorber le sucre et les urines. Ces bactéries nécessitent de l'oxygène qui pénètre dans l'eau grâce au brassage. Ces bactéries sont efficaces. En deux heures, elles ont déjà dévoré tous les déchets organiques des eaux usées.

L'eau potable est une ressource vitale et pour certains pays, l'une des plus rares. C'est pourquoi il est pertinent de purifier les eaux usées, privées et industrielles dans des stations d'épurations.

Les eaux usées qui sont stockées dans les bassins d'épuration sont toujours brassées, afin d'enrichir l'eau en oxygène.

Pourquoi faut-il utiliser juste ce qu'il faut de produits nettoyants ?

Les produits désinfectants tuent les bactéries. Cela fait la joie de la ménagère, mais pas des techniciens de stations d'épuration. Si les produits désinfectants arrivent dans les stations d'épuration, ils tuent aussi les bactéries s'y trouvant, empêchant donc ces dernières de travailler et de nettoyer l'eau.

Tous les poissons ont-ils besoin d'eau claire ?

La plupart oui, mais les carpes, par exemple, aiment les eaux sales. Ainsi, on peut les utiliser dans les stations d'épuration pour nettoyer les eaux usées. Dans les boues, elles trouvent plus de nourriture qu'elles n'en ont besoin.

Qui travaille dans le bassin de fermentation ?

Le bassin de fermentation est colonisé par une multitude de bactéries œuvrant à la décomposition des boues d'épurations aspirées. Ces boues servent alors d'engrais que l'on peut épandre dans les champs, si tant est qu'elles ne soient pas contaminées par des métaux lourds ou des produits chimiques.

Qu'advient-il des eaux usées toxiques de l'industrie ?

Elles ne peuvent être purifiées que par procédé chimique. On ajoute des substances, sels de fer par exemple, qui s'agglomèrent avec les produits chimiques dissous, pour se déposer sur le fond du bassin du clarificateur.

Comment fonctionne un filtre ?

Avec un filtre à café, tu vois que l'eau s'écoule a travers du filtre, tandis que la poudre de café reste dans le filtre. Le sol fonctionne comme un filtre lorsque l'eau de pluie s'infiltre. C'est pourquoi l'eau de la nappe phréatique est claire et en général propre.

Le charbon rend-il propre ?

On peut se salir avec du charbon, mais dans un filtre, son action est exactement inverse et il permet par exemple de purifier notre eau de boisson. Avant qu'elle n'arrive dans nos canalisations, elle doit préalablement être traitée. Même l'eau de source est contrôlée et filtrée.

Dans les bassins de fermentation, les boues d'épuration sont transformées en engrais.

À la maison

Une visite à l'écomusée de notre ville est toujours très intéressante. On peut en effet voir comment la vie s'organisait au quotidien il y a un ou deux siècles. Pour laver le linge, les femmes utilisaient des planches sur lesquelles la lessive était grattée. L'eau était mise à bouillir sur le feu. En hiver, il fallait faire chauffer les poêles en faïence. Les tapis étaient battus sur une tringle au lieu d'être aspirés, et la nuit, la maison n'était éclairée qu'à la pâle lueur des bougies. Les inventions techniques ont changé notre vie quotidienne. Nombre de travaux dans la maison ont gagné en facilité et la télévision tout comme Internet nous relient avec le monde entier.

Pourquoi transpire-t-on ?

Lorsque nous faisons du sport ou qu'il fait très chaud dehors, nous nous mettons à transpirer. Les gouttes de sueur qui se vaporisent, mais elles refroidissent notre corps. On parle alors de déperdition de chaleur par évaporation.

Qu'est-ce qui se vaporise dans le réfrigérateur ?

Il fonctionne aussi sur le principe de la déperdition de chaleur par évaporation. À l'intérieur, un fluide frigorigène se vaporise, en général de l'ammoniaque. Dans un vaporiseur à l'intérieur du réfrigérateur, ce fluide se transforme en gaz et cette vaporisation refroidit la partie du réfrigérateur contenant les aliments.

Un réfrigérateur fonctionne sur le principe de la déperdition de chaleur par évaporation. L'air à l'intérieur refroidit considérablement et permet de conserver les aliments frais plus longtemps.

Qu'est-ce que les CFC ?

CFC signifie chlorofluorocarbones. Jusqu'en 1995, ils ont été utilisés comme fluides frigorigènes dans les réfrigérateurs et comme gaz propulseurs dans les aérosols. Lorsqu'ils s'échappent lors de la mise au rebut de l'appareil, ils montent dans l'atmosphère et détruisent la couche d'ozone. Cette couche protège les hommes et les animaux des rayonnements ultraviolets.

Pourquoi ne faut-il ouvrir le réfrigérateur que brièvement ?

C'est l'appareil ménager qui consomme le plus d'électricité. Si de l'air chaud entre dans un réfrigérateur le moteur utilisera beaucoup d'énergie pour refroidir l'intérieur.

Pourquoi les aliments se conservent-ils plus longtemps dans un réfrigérateur ?

Lorsque les aliments se gâtent, les bactéries ou les champignons qui gâtent les aliments. Ils se développent rapidement dans un environnement chaud. Dans le réfrigérateur en revanche, ils ne peuvent pas proliférer aussi bien. Dans le bac à congélation où règnent des températures jusqu'à -18 °C, les germes n'ont aucune chance.

Pourquoi le lave-vaisselle chauffe-t-il l'eau ?

L'eau chaude dissout mieux la graisse que l'eau froide, si bien que la vaisselle ressort propre.

Y a-t-il une éponge dans le lave-vaisselle ?

Non. Le lave-vaisselle fonctionne avec des jets d'eau qui atteignent tous les endroits à la surface de la vaisselle, détachent les restes de nourriture et les évacuent avec le rinçage.

Comment l'eau gicle-t-elle à l'intérieur de la machine ?

Le lave-vaisselle est équipé à l'intérieur de deux à trois bras rotatifs munis de gicleurs, dirigés vers la vaisselle et qui aspergent l'eau en éventail. L'eau qui coule de la vaisselle passe par un filtre et retombe dans une pompe centrifuge. Le filtre sert à retenir les restes de nourriture de façon à ce qu'ils ne bouchent pas les gicleurs. En effet, l'eau est réchauffée dans la pompe, puis de nouveau aspergée.

Quelles sont les tâches du lave-vaisselle ?

Le programme de lavage débute par le prélavage. La vaisselle est aspergée d'eau froide. Suit le cycle de lavage principal, au cours duquel tout est lavé à une température est comprise entre 45 et 65 °C, dans laquelle le produit vaisselle a été dissous. Ensuite, le rinçage intermédiaire s'effectue, de façon à éliminer les résidus d'eau de lavage de vaisselle avec de l'eau chaude. Une fois de plus, de l'eau chaude est envoyée, cette fois-ci avec du liquide de rinçage, via les gicleurs. Enfin, la vaisselle est séchée avec de l'air chaud.

Dans le lave-vaisselle, les jets d'eau chaude désincrustent les dépôts de saleté tenaces sur la vaisselle.

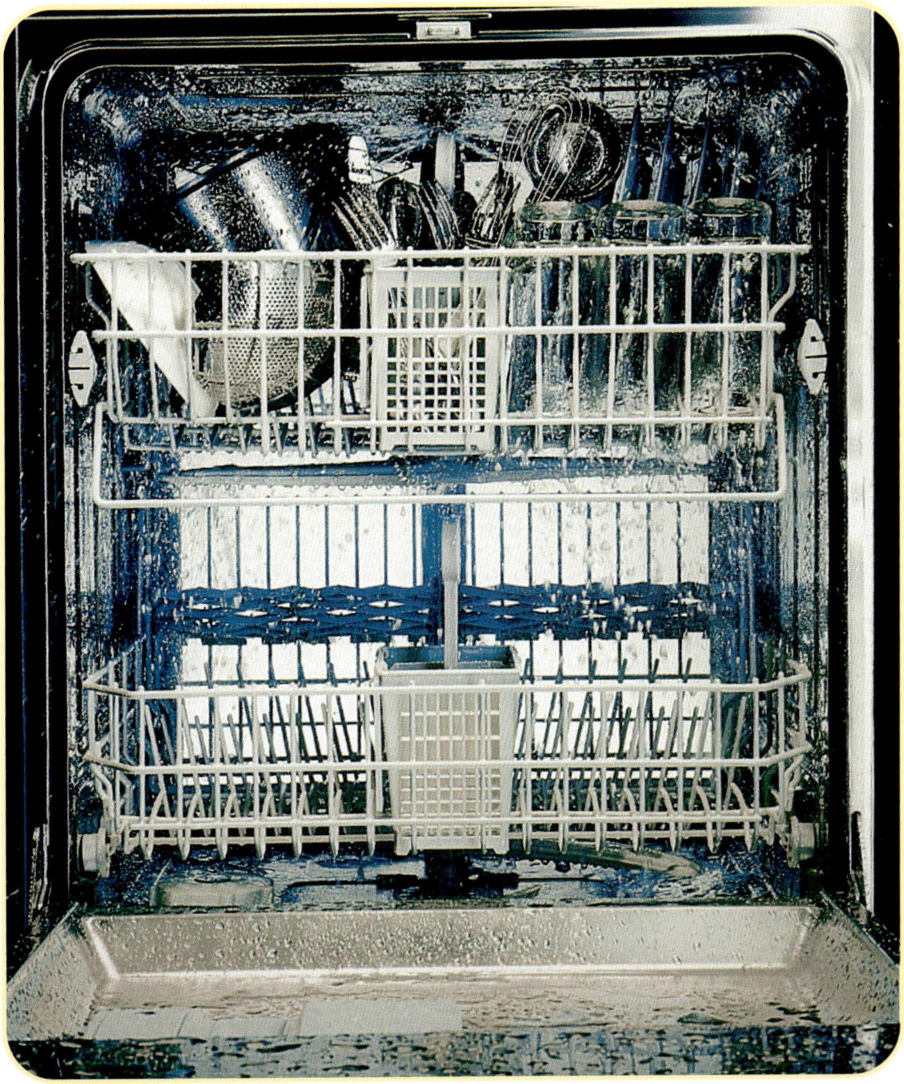

Le four n'a-t-il qu'un seul niveau de température ?

Ce ne serait pas pratique. En effet, les soufflés ne doivent pas être soumis à une température trop élevée, mais le pain ne forme pas de croûte si la chaleur n'est pas assez forte. Les fours sont équipés d'un thermostat. Il suffit de régler la température, plus faible pour le gâteau que pour le rôti. Le four régule la chaleur de façon autonome.

Comment fonctionne un thermostat ?

Le thermostat est souvent doté d'un bilame. Elle se compose de deux bandes de métaux superposées. Le métal supérieur se dilate plus rapidement ou plus lentement à la chaleur que le métal inférieur. Lorsque la chaleur monte dans le four, la bande se tord. Si la température est réglée sur 160 °C, cela correspond à un certain degré de torsion. Si cette température est dépassée, le chauffage du four est désactivé. La bande de métal interrompt le courant.

Dans un four à chaleur tournante, puis-je cuire deux gâteaux à la fois ?

Un four à chaleur tournante est équipé d'un ventilateur placé dans le fond. L'air est aspiré, passe devant un corps chauffant puis est réparti uniformément dans le four via le ventilateur. Ainsi, le gâteau du bas ne brûle pas avant que celui du haut ait fini de cuire.

Depuis l'invention de l'électricité, les cuisinières électriques se substituent de plus en plus à celles à gaz. Et ce, bien qu'une cuisinière à gaz consomme deux fois moins d'énergie !

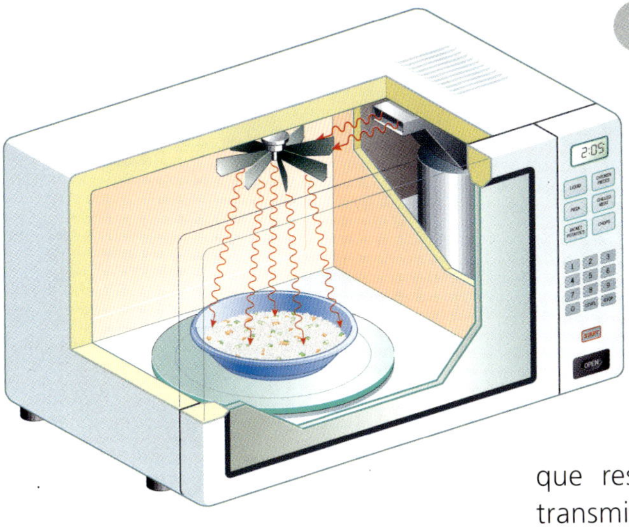

Un oscillateur répartit les micro-ondes à l'intérieur du four à micro-ondes. Les ondes réchauffent les molécules d'eau de la soupe

Un four se nettoie-t-il tout seul ?

Nombre de fours le font. Ils ont une fonction d'auto-nettoyage, s'appuyant en général sur le principe de la pyrolyse. Le four monte en température jusqu'à 500 °C. À cette température, n'importe quelle miette de gâteau est carbonisée. Mais, cela a ses limites. Le four ne vient pas à bout du glaçage au sucre.

Comment règle-t-on la taille de la flamme sur une cuisinière au gaz ?

Sur une cuisinière au gaz classique, on peut moduler la quantité de gaz qui sort du brûleur. Là où la flamme est bleue, le feu est le plus chaud. Une cuisinière au gaz consomme deux fois moins d'énergie qu'une cuisinière électrique.

Pourquoi certaines cuisinières restent-elles froides ?

Les plaques de cuisson traditionnelles sont en fonte, un excellent conducteur thermique. Mais avec les cuisinières à induction, la zone de cuisson en vitrocéramique reste froide. La chaleur est transmise par un champ magnétique. On ne peut donc utiliser que des casseroles en métal.

Qu'est-ce qu'un oscillateur ?

Un oscillateur répartit dans le four à micro-ondes les ondes générées par un magnétron. Tout comme la lumière ou les ondes radio, les micro-ondes sont des ondes électromagnétiques chargées d'énergie. Par le biais de l'oscillateur, elles pénètrent à l'intérieur d'un aliment où elles réchauffent les molécules d'eau, de minuscules particules d'eau. Un gâteau devient encore plus mou et plus gros.

Pourquoi ne faut-il pas mettre une casserole en métal dans un micro-ondes ?

Les micro-ondes peuvent pénétrer sans entrave dans la porcelaine ou le plastique. Ce sont des matériaux adaptés à cette utilisation. Le métal en revanche les réfléchit, tel un miroir. Au final, on aura un cacao froid et vraisemblablement un micro-onde hors d'usage, en raison de la surchauffe.

Un thermostat régule la température dans un four. Pour les petits gâteaux par exemple, la chaleur doit être moindre que pour gratiner le dessus d'un gratin.

À quoi ressemblaient les lave-linge il y a un siècle ?

En France, la plupart des femmes faisaient la lessive à la main. Les travaux domestiques étaient affaire de femmes, mais malgré tout un travail éprouvant. Elles lavaient le blanc dans des lessiveuses, où elles remuaient les vêtements avec des pilons de bois. Mais les premières machines à laver le linge existaient déjà, même s'il ne s'agissait pas des automatiques d'aujourd'hui. Le lave-linge était un récipient que l'on remplissait d'eau et de linge avant de le placer sur la cuisinière pour chauffer l'eau. Avec une manivelle, on pouvait faire tourner le linge dans un tambour.

Comment essorait-on le linge ?

L'essorage du linge nécessitait un autre appareil : on plaçait les vêtements entre deux rouleaux de bois actionnés par une manivelle. De cette façon, l'eau était pressée.

Et comment faisait-on la lessive il y a 70 ans ?

Il y a 70 ans, les lave-linge électriques existaient déjà. Un moteur électrique monté sur un baquet de bois faisait tourner une roue à hélice percée. Il n'y avait donc plus besoin d'actionner la manivelle. Cependant, ces machines étaient lourdes et chères. C'est pourquoi un système de location a été mis en place.

Les lave-linge automatiques réchauffent l'eau, lavent et essorent le linge.

Toutes les quatre à six semaines, la maîtresse de maison demandait au loueur de lave-linge de venir. Celui-ci livrait la machine le matin et la reprenait le soir.

Les sèche-linge offrent souvent plusieurs programmes. On peut régler le degré de séchage de la lessive, donc l'humidité résiduelle.

Qu'est-ce qu'un lave-linge automatique ?

Un lave-linge automatique réchauffe l'eau de lavage, lave et essore le linge, pompe et évacue l'eau de façon autonome. Aujourd'hui, la quasi-totalité des lave-linge sont des appareils automatiques.

Qu'est-ce qu'une machine à chargement par le haut ?

Il y a deux sortes de lave-linge : ceux à chargement frontal avec un hublot, la porte est située sur le devant ; et ceux à chargement par le haut, modèle à axe horizontal où le linge est chargé par le haut.

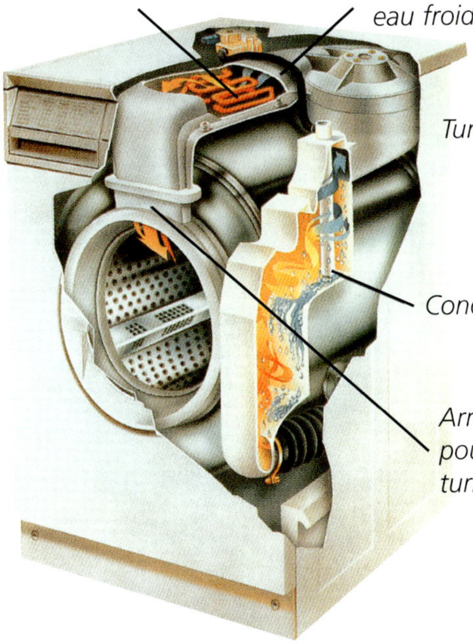

De l'air chaud est soufflé dans le tambour du sèche-linge. L'air absorbe l'humidité du linge, puis est ensuite évacué vers l'extérieur.

Pourquoi le tambour tourne-t-il si vite lors de l'essorage ?

L'essorage utilise la force centrifuge. Le tambour de la machine tourne jusqu'à 1 800 tours par minute. La lessive humide est pressée sur les parois, en direction de l'extérieur du tambour. Ces parois en métal inoxydables sont percées de petits trous permettant à l'eau de s'écouler. La ménagère n'a alors plus besoin d'essorer elle-même le linge, elle peut l'étendre immédiatement.

Comment fonctionne un sèche-linge ?

Dans le sèche-linge, de l'air chaud est soufflé dans le tambour où se trouve le linge. Le tambour oscille doucement, de façon à ce que tous les vêtements soient exposés au souffle chaud. L'air refroidi et humide est ré-aspiré. Cependant, ce mode de séchage consomme beaucoup d'électricité.

Comment nettoyer une tache de sauce ?

Il y a 70 ans, on faisait la lessive au savon. Le savon est fabriqué à partir de graisses. On utilise aujourd'hui des lessives adaptées au lavage en machine. Ces lessives sont essentiellement composées de tensioactifs. Les tensioactifs sont des substances nettoyantes qui pénètrent dans les fibres du linge, enrobent les salissures grasses, tels que le jus de rôti, et le dissolvent. Les tensioactifs des lessives doivent être aujourd'hui biodégradables à 80 %, c'est-à-dire qu'ils sont absorbés par les bactéries des stations d'épuration.

Et de sang ?

Outre les tensioactifs, les lessives contiennent aussi souvent des enzymes éliminant les taches à base de protéines, comme les taches de sang.

Quel est le point commun entre fabriquer du beurre et faire la lessive ?

Le beurre est lui aussi fabriqué dans une barrique qui doit être mise en rotation. Il n'est donc pas étonnant qu'une marque de machine les plus populaires en Europe produisait à la base des centrifugeuses à lait. L'entreprise a simplement appliqué la même technique au lave-linge.

Les premiers fers à repasser du XVe siècle se composaient d'un simple morceau de métal que l'on réchauffait sur le poêle. Des poignées thermo-isolantes accrochées aux fers chauffés permettaient de les saisir. Par la suite, on inventa des fers à repasser creux. Ils s'ouvraient par le dessus, de façon à pouvoir les remplir de charbon de bois. Cependant, des petites braises jaillissaient souvent des ouvertures, faisant des trous dans le linge. Vers 1880 fut inventé le fer à repasser électrique.

Par la dépression dans l'aspirateur, air et poussière sont aspirés. La poussière est collectée dans un sac à l'intérieur. L'air propre est évacué par une ouverture à l'arrière de l'appareil.

Qu'est-ce qu'un vide ?

Lorsqu'un bidon est vide, il ne contient plus d'huile. Mais d'un autre côté, il est plein d'air. On parle de vide lorsqu'un espace est véritablement vide, c'est-à-dire qu'il ne contient ni air, ni autre substance. Le vide absolu n'existe que dans l'espace. Sur Terre, il est impossible d'aspirer l'intégralité de l'air d'une pièce.

Quel est le point commun entre un pot de confiture et un aspirateur ?

Pour garantir la conservation de la confiture, on crée un vide dans le bocal en le remplissant avec la confiture chaude, en vissant le couvercle et en plaçant le pot à l'envers. La vapeur d'eau contenue se condense en eau et prend alors moins de place. Une dépression se crée alors dans le bocal. Le couvercle du pot de confiture émet un bruit d'aspiration caractéristique lorsqu'il est ouvert et que l'air pénètre à nouveau. Le vide règne aussi à l'intérieur de l'aspirateur. Il est toutefois créé à l'aide de l'électricité. Un moteur entraîne un ventilateur, lequel génère une dépression à l'intérieur de l'aspirateur. Du fait de cette dépression, l'aspirateur aspire l'air et la poussière.

Pourquoi y a-t-il un filtre dans les aspirateurs ?

L'air aspiré passe par un filtre dont les petits pores permettent à l'air de s'échapper. La poussière en revanche reste bloquée dans le sac.

Pourquoi l'air qui s'échappe est-il également filtré ?

Les acariens sont capables de passer au travers des portes du sac à aspirateur. Ce sont de minuscules animaux pouvant déclencher des crises chez les personnes allergiques. Les microfiltres les retiennent, ainsi que les minuscules particules de poussière.

Dans les fauteuils, les canapés et les lits se cachent des acariens. Les microfiltres retiennent ces arachnides dans l'aspirateur.

Qu'est-ce qu'un aspirateur centralisé ?

Les aspirateurs centralisés fonctionnent à partir d'un moteur fixe, installé par exemple dans la cave. Ils expulsent l'air aspiré à l'extérieur, résolvant ainsi le problème des fines particules de poussière. Les aspirateurs centralisés sont également moins bruyants qu'un aspirateur normal. Le tuyau est raccordé sur des prises dans les différentes pièces.

Comment marche un sèche-cheveux ?

Le sèche-cheveux aussi est équipé d'un ventilateur. L'air est aspiré par l'arrière et expulsé par l'avant. Dans le corps du sèche-cheveux, l'air est chauffé par des bobines de fil incandescentes.

Pourquoi faut-il absolument se sécher les cheveux dans un endroit sec ?

Dans nombre de romans policiers, l'assassin jette un sèche-cheveux en marche dans la baignoire et la victime meurt électrocutée. En effet, il faut absolument se sécher les cheveux dans un endroit sec, car l'eau conduit le courant électrique. Si les résistances du sèche-cheveux entrent en contact avec l'eau du bain, elles chargent l'eau en électricité.

Les bobines de fil incandescentes chauffent l'air du sèche-cheveux.

Autrefois, chaque famille devait entretenir son propre feu. Aujourd'hui, nous avons le chauffage central et le chauffage urbain.

Que faire quand le radiateur gargouille ?

De drôles de gargouillis se font parfois entendre dans les circuits de chauffage. Cela signifie qu'il y a de l'air dans l'eau du circuit. Les radiateurs sont équipés d'une vanne sur le dessus. Comme l'air s'élève, il est possible d'évacuer l'air superflu en ouvrant la vanne.

Qu'est-ce que le chauffage urbain ?

Au lieu de chauffer l'eau pour le chauffage dans sa propre maison, elle peut également arriver par le biais de tuyaux thermo-isolés. La production d'électricité dans les centrales génère de la chaleur. On peut l'utiliser pour chauffer de l'eau et ensuite la distribuer dans les maisons des environs.

Comment fonctionne un chauffage central ?

Les hommes des cavernes chauffaient leurs grottes avec un feu. Dans les grottes d'à côté, les voisins avaient leur propre feu. Aujourd'hui, la plupart des maisons sont équipées d'un chauffage central. En d'autres termes, une seule chaudière suffit pour toute la maison. Cette chaudière est généralement installée dans la cave. Par l'intermédiaire d'un brûleur qui brûle le fuel ou le gaz, l'eau de la chaudière est chauffée. Une pompe de circulation maintient l'eau chaude en mouvement et assure sa circulation dans tous les radiateurs de la maison.

Pour préserver l'environnement et limiter les émissions gazeuses, les installations de chauffage sont souvent vérifiées par des techniciens qualifiés.

Comment extrait-on de la chaleur de la Terre ?

Plus on pénètre à l'intérieur de la Terre, plus la température monte. La chaleur géothermique peut chauffer les maisons. Il faut creuser un trou, pomper l'eau à l'intérieur, attendre qu'elle se réchauffe, puis la pomper à nouveau en surface.

Quels sites se prêtent aux installations géothermiques ?

Les régions où l'écorce terrestre est fine se prêtent particulièrement bien à ce type de chauffage. En France, les deux grands bassins sédimentaires, le Bassin parisien et le Bassin aquitain disposent de ressources géothermales importantes.

Comment un système une de climatisation fonctionne-t-il ?

Dans une climatisation, un évaporateur refroidit l'air chaud à l'aide d'un fluide frigorigène, mais ce fluide s'évapore. Dans la partie arrière de la climatisation, la vapeur se condense à nouveau. Au cours de cette procédure, le réfrigérant restitue la chaleur, et il est à nouveau dirigé vers l'évaporateur.

Pourquoi La Joconde ne doit-elle ni transpirer, ni grelotter ?

Les systèmes de climatisation prennent tout leur sens dans les musées. Les tableaux et objets antiques se conservent plus longtemps, lorsque la température et l'humidité de l'air restent sensiblement constantes et ne sont pas soumises à de grosses variations.

Les climatisations peuvent-elles rendre malade ?

Beaucoup de voitures et de maisons sont équipées de climatisations. On s'enrhume souvent en été, du fait du brusque changement de température. Certaines personnes prennent mal à la tête. En outre, les germes pathogènes sont ventilés dans toutes les pièces.

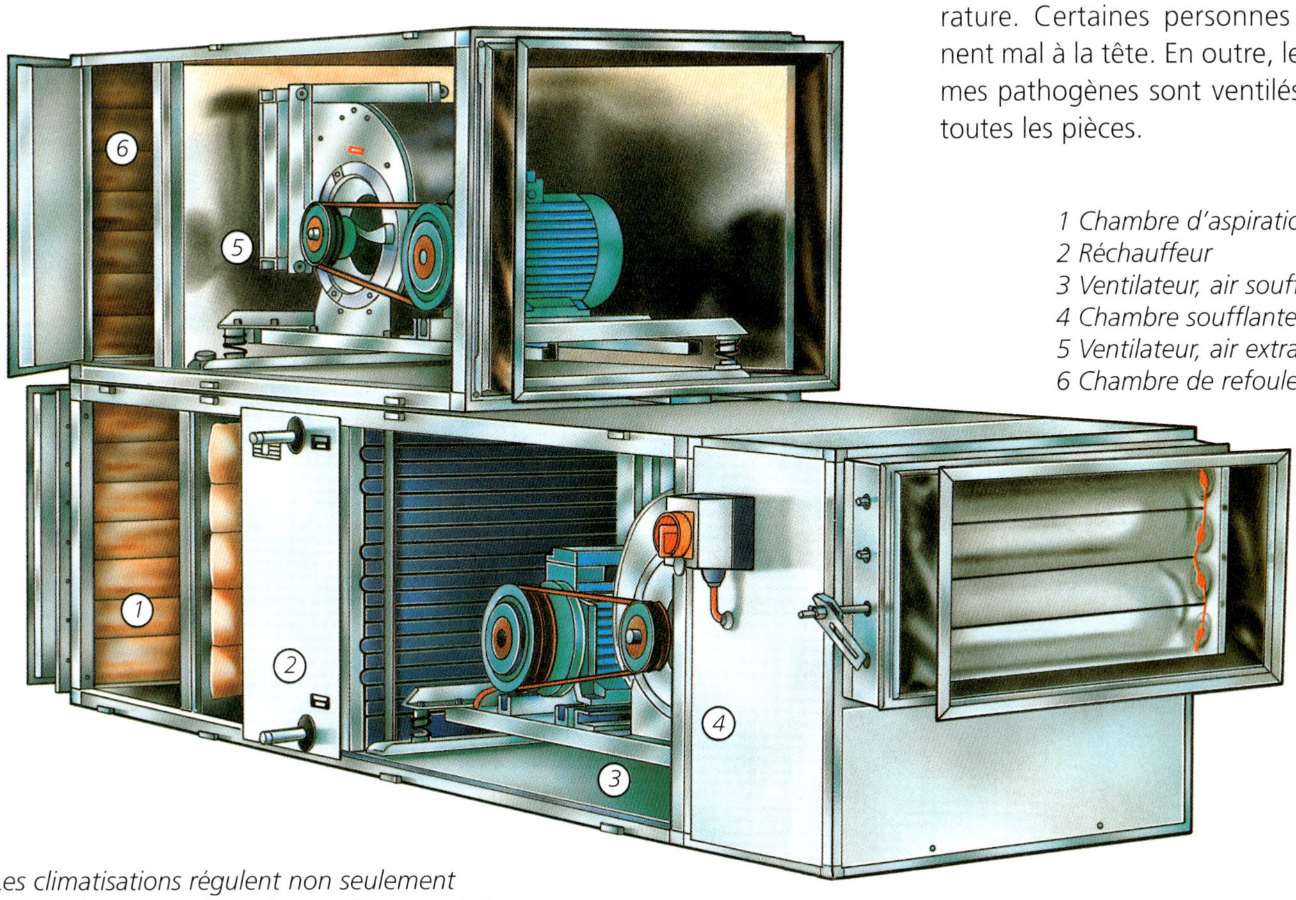

1 Chambre d'aspiration
2 Réchauffeur
3 Ventilateur, air soufflé
4 Chambre soufflante
5 Ventilateur, air extrait
6 Chambre de refoulement

Les climatisations régulent non seulement la température, mais également l'hygrométrie.

Les toilettes ont-elles toujours été un lieu d'isolement ?

Aujourd'hui, on a la certitude d'être tranquille dans les WC. Mais ce n'a pas toujours été le cas. Chez les Romains, les toilettes publiques étaient formées de bancs avec plusieurs sièges, les discussions allaient bon train. Et aux thermes, on se baignait également en commun. Aujourd'hui, dans nombre de cultures, les thermes sont encore un lieu de rencontre convivial.

Comment les toilettes sont-elles entrées dans les maisons ?

Dans les bâtiments anciens, on peut encore voir que les toilettes sont à l'extérieur. La cabane est édifiée sur le tas de purin et le trou donne directement sur le tas. Dans d'autres maisons, les toilettes étaient dans l'étable ou dans le jardin au-dessus de la fosse à purin. Ce n'est que lorsque le water-closet s'imposa, abrégé en WC, que les toilettes ont pris leurs quartiers dans les maisons.

Les Romains allaient aux bains pour se laver. Aujourd'hui, la piscine est avant tout un plaisir sportif.

Qu'est-ce qu'un siphon ?

Le tuyau d'écoulement des toilettes a une courbe en U vers le bas, dans lequel, une fois la chasse tirée, l'eau ne s'évacue pas en totalité. Cette eau sert de siphon anti-odeurs, faisant obstacle aux mauvaises odeurs de la canalisation, ne leur permettant pas de remonter dans les toilettes, et d'envahir la maison.

Avec l'invention du water-closet, les toilettes – ici des toilettes publiques pour hommes – ont été intégrées à l'intérieur des maisons.

faite. Il faut alors ouvrir le couvercle du réservoir et remonter la soupape sur le tuyau de façon à ce qu'elle le ferme bien.

Qui répare le chauffage ou les plomberies ?

Les techniciens chargés de l'entretien et de la réparation du chauffage et de l'approvisionnement en eau s'appellent les chauffagistes et plombiers. Mais ces corps de métiers comportent plusieurs spécialités : plombiers sanitaires, installateurs en sanitaires, chauffagistes, etc.

On peut le plus souvent réparer soi-même un robinet qui fuit. Mais pour les travaux plus complexes, il faut faire appel au plombier.

Comment fonctionne la chasse d'eau ?

La plupart des toilettes sont équipées d'un réservoir de chasse d'eau. Grâce à une canalisation, l'eau pénètre par le haut puis est chassée dans la cuve.

Quelle est la fonction du flotteur ?

Le flotteur est une boule de polystyrène dans le réservoir de la chasse d'eau, fixée à un levier. Lorsque l'eau arrive dans le réservoir, le flotteur se soulève et le levier monte vers l'horizontale. Lorsque le réservoir est rempli avec la quantité d'eau adéquate, le levier ferme la vanne d'admission.

Que faire quand le réservoir d'eau fait du bruit ?

Lorsque l'on tire la chasse, la pression sur le bouton ouvre la vanne du réservoir et l'eau s'écoule à grande vitesse du réservoir dans la cuve. En relâchant le bouton, la vanne se referme. Mais parfois, la connexion entre la touche et la vanne n'est pas par-

Pourquoi ne peut- on pas voir les ondes radio ?

Seule une très petite plage du rayonnement électromagnétique se diffusant sous la forme d'ondes peut être perçue en lumière visible. Les ondes se distinguent en fonction de leur longueur. Nous pouvons voir les ondes comprises entre 400 et 700 nanomètres. Un nanomètre correspond à un milliardième de millimètre. Les rayons X ont une très courte longueur d'onde. Un nanomètre sépare les creux de l'onde. Les ondes radio peuvent avoir une longueur allant jusqu'à un kilomètre, les ondes hertziennes jusqu'à environ un mètre.

Pourquoi la radio grésille-t-elle dans le tunnel ?

Les ondes radio ne peuvent pas contourner les obstacles. Elles ne peuvent franchir tunnels ou montagnes, et dans certains endroits on ne peut pas écouter la radio. Il est possible de l'écouter par le câble de télévision ou la radio numérique via la connexion du téléphone.

L'heure donnée à la radio est-elle précise ?

Les ondes radio sont aussi rapides que la lumière et se propagent à la vitesse de 300 000 km en une seconde. À environ 30 km d'un émetteur, on reçoit une annonce horaire un dixième de millième de seconde plus tard, un délai imperceptible.

La station émettrice de l'opérateur allemand Deutsche Telekom est située au sud de la ville de Raisting. Ici, les ondes hertziennes et radio sont transmises aux différents satellites.

Pourquoi à la radio, le concert de violons ne se mêle-t-il pas au duo de variété ?

La fréquence décrit le nombre d'oscillations des ondes radio par seconde. Des fréquences différentes sont attribuées aux différents émetteurs et à leurs stations. Sur la fréquence réglée, la radio reçoit l'émission souhaitée et ignore les ondes émises à une autre fréquence, ce qui empêche ainsi toutes interférences.

Les images bougent-elles à la télévision ?

Lors d'un match de football, on a l'impression que les joueurs courent sur le terrain. Or en réalité, la retransmission télévisée se compose d'une succession rapide d'images fixes, environ 25 à 30 seconde.

Pourquoi voit-on tant de tours de télévision sur les montagnes ?

À l'inverse des ondes radio, les ondes hertziennes ne suivent pas la courbe de la surface terrestre. Même dans des régions plates, la portée d'une antenne émettrice n'est que de 240 km. Les régions montagneuses nécessitent donc plus d'antennes-relais, renvoyant les ondes aux zones de réception. En certains endroits de montagne, on ne peut capter aucune onde. Il conseillé d'avoir une antenne satellite ou la télévision par câble.

Les téléviseurs mobiles peuvent également recevoir les signaux hertziens et les restituer.

Le studio de télévision envoie des ondes hertziennes au satellite, d'où le programme est ensuite émis en direction de la terre.

Pourquoi les paraboles sont-elles penchées?

Elles doivent être orientées sur un satellite spatial. Celui-ci tourne avec la Terre, de sorte qu'il apparaît toujours au même endroit dans le ciel.

Tout le monde peut-il avoir accès à la télévision ?

Les programmes transmis par le câble peuvent être reçus par tous. Mais il existe également des caméras avec de petits émetteurs, auxquels un seul moniteur est raccordé. Les banques utilisent de telles installations pour contrôler les entrées. Dans les gares, des moniteurs permettent aux employés de voir si les barrières se sont bien abaissées.

La tour de télévision de Berlin affiche 368 m de haut.

Pourquoi ne peut-on pas ouvrir l'appareil photo une fois la pellicule insérée ?

La pellicule de l'appareil est recouverte d'un matériau sensible à la lumière. Si de la lumière éclaire la pellicule, ce revêtement se modifie. Seuls les rayons lumineux réfléchis par le motif photographié doivent pénétrer dans l'appareil, via l'objectif. La pellicule n'est donc exposée qu'aux endroits où les rayons lumineux l'atteignent. Si on ouvre l'appareil, l'intégralité de la pellicule est exposée à la lumière, et au développement, le négatif apparaît tout noir.

Avec une caméra vidéo, il est possible de visualiser le film dès sa prise. Tout comme avec une caméra analogique, il n'y a pas besoin de développer le film.

Comment fonctionne la photographie en noir et blanc ?

L'aspect noir et blanc des photos est dû à la nature de la pellicule.

Pourquoi la pellicule voit-elle tout de façon négative ?

Après le développement, on constate sur le négatif en noir et blanc que les éléments clairs apparaissent noirs et les éléments sombres blancs. Le négatif développé peut être placé dans un agrandisseur, sorte de projecteur de diapositives, qui éclaire au travers du négatif. La surface de projection est formée par un papier photosensible. La lumière de l'agrandisseur est absorbée par les surfaces noires du négatif. Aussi, le papier n'est pas exposé à la lumière. Les endroits sombres sur le négatif apparaissent donc, après développement, à nouveau blancs. À l'inverse, le transparents apparaît noir, car la lumière le traverse librement.

Que signifient les couleurs sur la pellicule ?

Les pellicules couleurs ont un revêtement conçu pour les trois couleurs primaires : jaune, bleu et rouge. Sur le négatif, le cliché apparaît en couleurs complémentaires : le rouge devient vert et le bleu jaune.

Qu'est-ce qu'un appareil photo numérique ?

L'appareil numérique ne fonctionne par sur le principe d'une pellicule, mais avec une puce photosensible à plusieurs cellules : les pixels. Chaque pixel enregistre la quantité de lumière à laquelle il a été exposé, puis transmet cette information à l'ordinateur.

Selon les conditions d'éclairage, l'amplitude et la durée de l'ouverture de l'obturateur d'un appareil photo – il s'agit de la fermeture entre l'objectif et le film – peuvent être différentes.

Un appareil photo est-il un télé-viseur ?

En plaçant un téléobjectif sur un appareil photo, il est possible de faire apparaître en plus grand sur le cliché des choses éloignées. Le degré d'agrandissement d'un tel objectif dépend de sa distance focale, c'est-à-dire de la distance des lentilles de l'objectif entre elles. Un objectif standard affiche généralement une focale de 50 mm. Les téléobjectifs puissants ont une distance focale de 300 ou 400 mm. Si la focale est inférieure à 50 mm, on parle d'objectif grand-angle. Avec un faible recul, ce type d'objectif permet de prendre sur la photo l'ensemble des invités à l'anniversaire par exemple.

Contre les boutons : crème ou filtre ?

Le photographe peut placer un filtre devant son objectif. Tout comme le filtre à café retient le marc de café, le filtre photographique retient des couleurs ou des rayons. Sur les portraits, un filtre orange permet d'éliminer les boutons. En effet, il atténue les zones rouges.

Pourquoi les images bougent-elles sur un film ?

Une caméra fonctionne presque comme un appareil photo. En fait, elle prend plus d'images à la seconde : 24. Le film est entraîné par un moteur. Ensuite, lors du visionnage, l'œil transforme les images isolées en un film continu.

Avec un projecteur, on peut projeter un film sur un écran. Au cinéma, nous voyons 24 images par seconde, ce qui permet de créer l'illusion d'une scène animée.

Peut-on voir pousser l'herbe ?

Une caméra peut nous permettre de la voir pousser, en prenant moins de 24 images par seconde, lesquelles seront ensuite projetées à vitesse normale. On parle d'accéléré.

Quelle est la longueur d'un film ?

Mesurée en minutes, la durée normale d'un film au cinéma est d'environ 90 minutes. En mètres, un film mesure quelque 2,5 km. La largeur dépend de la salle de projection. La largeur de 35 mm est la norme.

Les premières photographies ont été prises au XIXe siècle. Pour ce qu'on appelait alors la daguerréotypie, il fallait des plaques d'argent ou des plaques de cuivre argentées rendues photosensibles par des vapeurs chimiques. On exposait ensuite les plaques dans un appareil photo pendant un long moment avant de les développer avec des vapeurs de mercure. Après la phase de fixation, on pouvait admirer le cliché. Chaque photo réalisée de cette manière était unique.

Le système d'exploitation, les programmes et les données sont enregistrés sur le disque dur. Il est composé d'un ou plusieurs disques en rotation et d'une tête de lecture/écriture.

Dois-je être informaticien pour travailler sur ordinateur ?

Les informaticiens sont les spécialistes en ordinateurs qui conçoivent de nouveaux programmes. Mais la plupart des gens derrière un écran sont des utilisateurs qui travaillent avec des programmes conçus par les informaticiens. Ils ne s'immergent pas dans les profondeurs du système, mais restent au niveau de l'interface utilisateur. C'est-à-dire qu'ils ouvrent des fenêtres ou cliquent sur des icônes, par exemple.

Le hardware, ça fait mal ?

Le hardware est effectivement « en dur ». Le terme de hardware désigne l'ensemble du matériel, les appareils, composant l'ordinateur : unité centrale, clavier, souris, écran, enceintes, imprimante, scanner, et aussi tous les périphériques. Ce sont tous les appareils complémentaires qui peuvent être connectés à l'ordinateur.

Quel est le rôle d'un système d'exploitation ?

Le système d'exploitation appartient à la partie dite software. Il commande les périphériques et définit la façon d'installer, de démarrer ou de supprimer des programmes. Les systèmes d'exploitation connus sont Apple, Windows et Linux. Apple et Windows sont des systèmes d'exploitation commerciaux. Ils sont produits par des sociétés qui gagnent de l'argent dessus. Linux est un programme « open source », que les fans continuent de développer gratuitement.

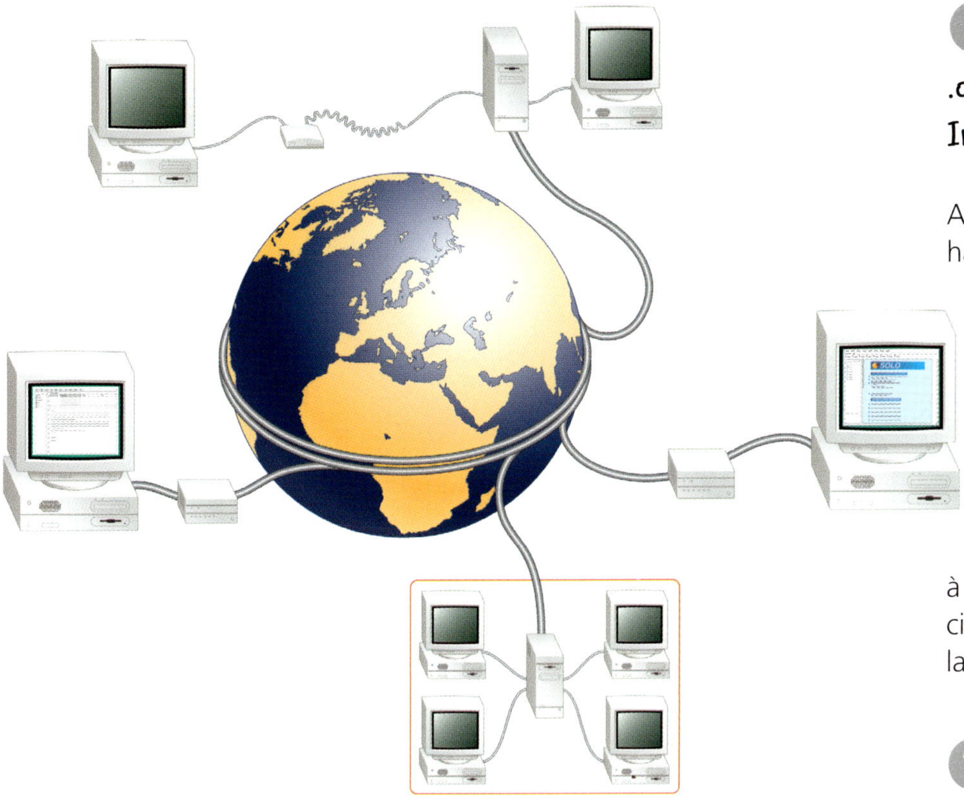

Internet est un réseau informatique permettant, dans le principe, à chaque ordinateur d'être relié à tous les autres.

Qu'est-ce qu'un e-mail?

Les e-mails sont des lettres envoyées d'un ordinateur à l'autre, via le câble du téléphone, par infrarouge ou par câble à fibres optiques.

Quelles informations sont contenues dans une adresse e-mail ?

Une adresse e-mail se compose toujours du nom d'utilisateur, d'un signe @ et du nom de domaine. Il s'agit souvent du fournisseur d'accès Internet mettant un gros serveur à disposition du client. Derrière le point se trouve l'abréviation du pays: fr pour la France, .ch pour la Suisse et .be pour la Belgique.

Que signifient .com ou .org à la fin d'une adresse Internet ?

Aux États-Unis, le pays n'apparaît habituellement pas derrière le nom de domaine. Nous aussi utilisons les adresses en .org et .com. Une adresse telle que www.les-lapins-nains.com permet de voir qu'il s'agit peut-être du site d'une entreprise commercialisant des lapins nains, tandis que www.les-lapins-nains.org donne à imaginer qu'il s'agit d'une association regroupant les amateurs de lapins nains.

Qu'est-ce qu'une adresse IP ?

L'adresse IP permet l'adressage logique d'ordinateurs dans un réseau IP, par exemple Internet. Les adresses IP sont normalement constituées de groupes de chiffres séparés par des points; par exemple 130.94.12.3.

Unité centrale, clavier, souris et webcam sont les composants hardware d'un ordinateur.

Espace

Le rêve de l'Humanité de se rendre sur la Lune et vers d'autres planètes a pris corps au cours du XXe siècle. La conquête de l'espace, cette étendue infinie qui débute au-delà d'une zone d'environ 100 km au-dessus de la Terre n'a été possible que par le développement de la fuséologie, c'est-à-dire la science et la technique des fusées. Il s'agit actuellement de l'unique méthode permettant de quitter durablement la Terre et sa force d'attraction. En astronautique, on distingue les vols habités des vols inhabités. Les premiers permettent d'envoyer des hommes dans l'espace tandis que les seconds s'appuient sur des sondes et des satellites dépourvus de présence humaine.

Comment les satellites sont-ils construits ?

Ils sont composés de modules pour la commande, l'alimentation en énergie, le réglage de l'assiette et la communication. L'énergie est fournie par des cellules photovoltaïques et des batteries rechargeables. Le réglage de l'assiette se fait par roues d'inertie ou gyroscopes et micropropulseurs. Des antennes assurent la communication.

Les satellites tournent autour de la Terre sur des orbites différentes, en fonction de leur utilisation. Les satellites militaires par exemple sont placés à des altitudes allant jusqu'à 1 000 km. D'autres, comme les satellites de télécommunication, sont même positionnés jusqu'à 38 500 km d'altitude.

Qu'est-ce qu'une orbite ?

Les satellites se déplacent selon une trajectoire fixe autour de la Terre, l'orbite. Une orbite a trois propriétés fondamentales : le point le plus proche de la Terre (périgée), le point le plus éloigné de la Terre (apogée) et l'inclinaison (angle entre le plan de l'orbite et le plan de l'équateur). Sur une orbite circulaire, périgée et apogée sont identiques. Dans le cas d'une inclinaison de 0°, l'orbite passe exactement au-dessus de l'équateur, et avec une inclinaison de 90°, le satellite passe au-dessus des pôles.

Quelle orbite pour quel satellite ?

Sur orbites basses (jusqu'à 600 km d'altitude), on trouve les stations spatiales, les satellites militaires et d'exploration. Les satellites d'observation et météorologiques se placent sur orbite géosynchrone (jusqu'à 1 000 km d'altitude). Ceux du GPS tournent autour de la Terre, en position orbitale moyenne, fortement inclinée. L'orbite géostationnaire (environ 38 500 km) est occupée par les satellites de télécommunication.

Les satellites puisent généralement leur énergie par le biais de capteurs photovoltaïques, disposés sur les ailes solaires. Ce système permet de recharger les batteries à bord du satellite.

Comment fonctionne le système GPS ?

À partir du temps de propagation des signaux émis par au moins trois satellites GPS au-dessus de l'horizon et du signal horaire de son horloge atomique, un récepteur du géopositionnement par satellite (GPS – Global Positioning System) calcule des cercles autour d'un point situé à l'exacte verticale sous le satellite. Ce cercle passe par tous les points affichant la même distance entre le satellite et le récepteur. Ensuite, leur intersection commune marque la position exacte du récepteur.

Comment les satellites contrôlent-ils leur assiette ?

Les modifications de la direction de leur axe sont converties en signaux de corrections aux propulseurs. Les satellites utilisent aussi des repères stellaires et solaires.

Combien de temps fonctionnent les satellites ?

Jusqu'à 15 ans, selon l'orbite, la forme du satellite et les quantités d'ergol embarquées pour assurer les corrections d'assiette et d'orbite. Un satellite ne peut corriger son orbite et son assiette par le biais des micropropulseurs tant qu'il aura du carburant propulseur.

Pourquoi les satellites lancés au niveau de l'équateur vont-ils vers l'Est ?

C'est à proximité de l'équateur que la rotation de la Terre est la plus rapide, avec 463 mètres par seconde. Si le lancement est dirigé vers l'Est, on bénéficie de ce regain de vitesse.

Combien pèsent les satellites ?

Parmi les satellites avec charge utile à usage civil, le satellite GRO (Gamma Ray-Observatory) fut le plus gros satellite : 15 tonnes au décollage. Les satellites militaires peuvent dépasser 20 tonnes. Les premiers satellites Vanguard de 1,6 kg sont vraiment minuscules en comparaison.

Selon quel principe les fusées fonctionnent-elles ?

Elles utilisent Elles de la réaction. Selon la loi de Newton, toute force exerce une force opposée de même intensité (action = réaction). Un propulseur de fusée éjecte à très haute vitesse des particules de gaz, le plus souvent, vers l'extérieur. Cela génère une force dirigée vers l'avant qui entraîne le vaisseau spatial.

Comment les fusées sont-elles construites ?

Elles se composent d'une ou plusieurs unités d'entraînement avec propulseur et chambre de combustion, de systèmes de commande et de guidage et d'un porteur de charge utile qui contient une capsule spatiale habitée ou un satellite.

Ariane 5 peu après son lancement depuis le pas de tir de la base de Kourou en Guyane. Le porteur européen affiche une hauteur de 55 m et une masse au décollage d'environ 750 tonnes. Environ 90 % de la poussée nécessaire au décollage est fournie par les deux boosters à propergols solides.

Une photographie grand angle du décollage d'une fusée Saturn. On distingue clairement le bras d'alimentation qui est rabattu directement devant la fusée.

Quels sont les types d'entraînement qui existent ?

On utilise des propergols solides comme sur la navette spatiale mais uniquement sur les moteurs auxiliaires servant au décollage (booster). Les moteurs-fusées à carburant liquide utilisent du kérosène, de l'hydrazine ou de l'hydrogène mélangés dans la chambre de combustion à du tétroxyde d'azote ou de l'oxygène liquide, puis brûlés. Pour les sondes spatiales et satellites, la propulsion ionique leur permet de voler plus vite et plus loin que les vaisseaux spatiaux traditionnels.

La fusée Ariane 5 est acheminée vers sa rampe de lancement. À son bord se trouve le satellite de recherche XMM, affichant un poids de 4,7 tonnes et destiné à détecter les sources de rayon X dans l'espace.

Pourquoi des fusées de plusieurs étages ?

Afin de limiter leur poids au maximum, les fusées sont divisées en plusieurs étages, chacun doté de son propre entraînement. Les étages sont allumés successivement.

Quelle fut la première fusée envoyée dans l'espace ?

La fusée allemande A4, développée par une équipe dirigée par Wernher von Braun, atteignit en 1942 l'altitude de 90 km, altitude considérée comme le début de l'espace. Sur ce modèle, toutes les problématiques des lanceurs modernes, acheminement du carburant, commande de la direction de la poussée et contrôle autonome de l'assiette trouvaient déjà une solution.

Qui a inventé le compte-à-rebours ?

Fritz Lang en 1929 dans son film La Femme sur la Lune. Il expliqua que le le comptage de un à cent n'avait aucun suspense. « Mais lorsque je compte à rebours (count down) – dix, neuf, huit, sept, six, cinq, quatre, trois, deux, un, ZÉRO ! – là, le public comprend. »

Quelle fut la fusée la plus puissante ?

La fusée lunaire Saturn V est à ce jour la plus puissante de toutes les fusées lancées. Sa version à trois étages pouvait transporter près de 130 tonnes. La fusée Ariane 5 transporte des charges utiles d'environ 10 tonnes et la version Ariane 5 ESC-B peut placer jusqu'à 12 tonnes sur une orbite de transfert géostationnaire.

Quelle fusée a les meilleurs taux de réussite ?

Depuis son lancement inaugural en 1988 jusqu'à sa dernière mission en 2003, le lanceur Ariane 4 a enregistré plus de 100 tirs sans faute.

Au terme d'une mission, la navette spatiale américaine Endeavour se pose en douceur sur la piste d'atterrissage du Kennedy Space Center (KSC) en Floride.

Quand fut lancée la première navette spatiale ?

Le vaisseau Columbia fut lancé le 12 avril 1981 depuis la station spatiale de Cape Canaveral pour son vol inaugural.

Existe-t-il plusieurs navettes spatiales ?

Actuellement, la Nasa dispose de trois navettes – Discovery, Atlantis et Endeavour. Les deux autres navettes – Challenger et Columbia – ont été détruites en vol.

Combien pèse une navette spatiale ?

Une navette spatiale, réservoirs pleins, avec booster et fusées auxiliaires, pèse environ 2 000 tonnes. Rien que le propulseur d'appoint, plein, pèse environ 730 tonnes. En comparaison, la navette affiche un poids à vide de seulement 70 tonnes.

Depuis un pas de tir du Kennedy Space Center, la navette spatiale décolle pour une nouvelle mission. Grâce aux deux fusées auxiliaires contenant du carburant, la navette atteint une altitude d'environ 66 km en seulement deux minutes.

Quelle vitesse une navette peut-elle atteindre ?

La vitesse d'une navette dépend de son poids. En règle générale, elle atteint une altitude d'environ 66 km en à peine deux minutes. En orbite, la rotation de la Terre provoque une accélération, de sorte que la vitesse atteint environ 28 000 km/h. Laquelle se réduit à quelque 370 km/h lors de la rentrée dans l'atmosphère.

Combien de temps a duré la plus longue mission d'une navette spatiale ?

Le plus long vol d'une navette a duré 17 jours, 15 heures, 53 minutes et débuta le 19 novembre 1996. La mission devait initialement durer 15 jours, mais les mauvaises conditions météorologiques ont repoussé l'atterrissage de deux jours.

Pourquoi une navette atterrit-elle toujours sans carburant ?

Lorsqu'une navette rentre dans l'atmosphère, sa partie inférieure est soumise à un réchauffement considérable, si bien que les réserves en carburant représentent un réel danger pour la navette et l'équipage. Aussi renonce-t-on par sécurité à diriger la navette à l'aide des moteurs au moment de sa rentrée dans l'atmosphère. À la place, on la laisse glisser, sans propulsion, en direction de la Terre, tel un planeur.

Pourquoi ne peut-on aller sur la Lune avec une navette ?

Une navette spatiale est ce qu'on appelle un orbiteur, c'est-à-dire un vaisseau satellisé en orbite autour d'une planète. Un voyage sur la Lune nécessiterait des quantités effarantes de carburant. Mais le carburant d'une navette est presque entièrement consommé après seulement 8 minutes.

Quelle est la durée de vie d'une navette spatiale ?

L'un des principaux avantages de la navette est qu'elle peut être réutilisée. On estime que les principaux composants, c'est-à-dire les fusées et la navette en elle-même peuvent servir jusqu'à 100 tirs avant d'être désaffectées.

Dessin en coupe d'une navette : les cales de chargement peuvent accueillir jusqu'à 29,5 tonnes de charge utile.

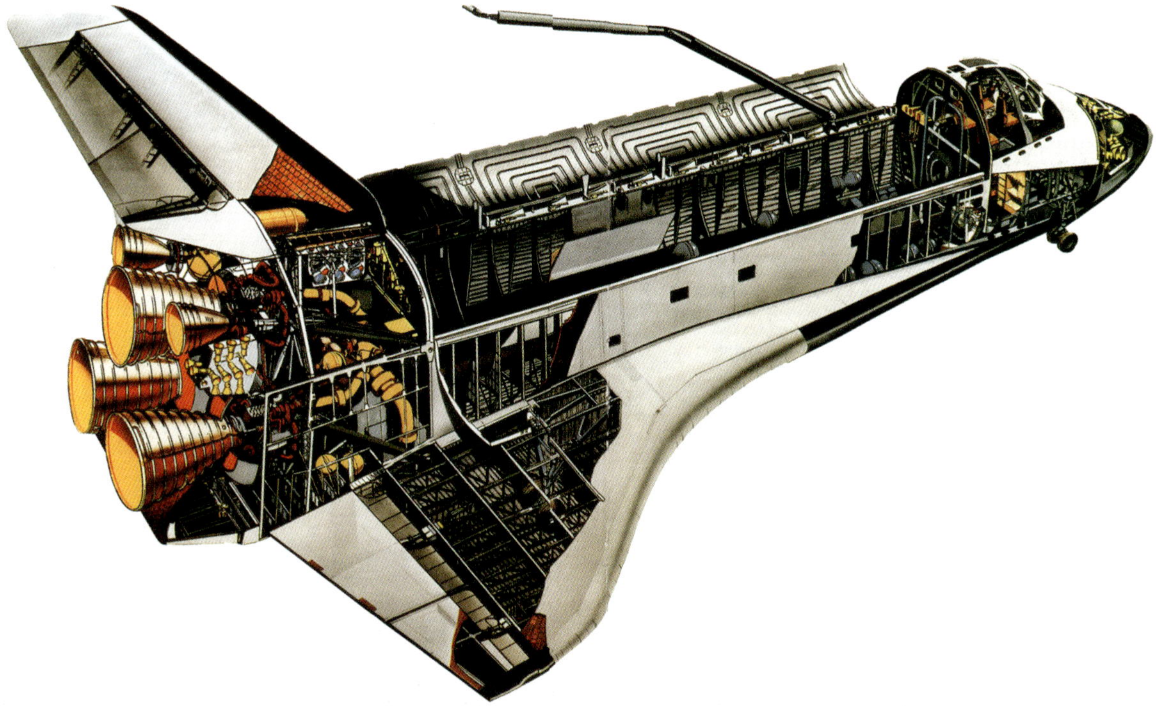

Qu'est-ce qu'une station spatiale ou orbitale ?

C'est une installation habitée par un ou plusieurs astronautes, avec des températures et conditions atmosphériques semblables à celles de la Terre pour vivre et travailler sur des périodes prolongées. Comme elle n'est pas équipée de moyens de propulsion autonomes ni d'un système d'atterrissage, elle est approvisionnée par d'autres vaisseaux, notamment en le carburant, sans lequel elle ne pourrait se maintenir sur son orbite relativement basse.

Qui a élaboré les premiers concepts ?

Les auteurs de science-fiction ne sont pas les seuls à s'être penchés sur le concept de station spatiale. En effet, les pionniers de l'astronautique tels que Tsiolkovski, Oberth et von Braun les baptisèrent « stations extérieures ». La première station orbitale fut Saliout 1, lancée en avril 1971.

Qui construit des stations spatiales ?

L'Union Soviétique a fait œuvre de pionnier avec sa série de Saliout, qui a permis le développement de la technologie nécessaire. La station américaine Skylab a été lancée en 1973. Puis ce fut le tour de la station orbitale soviétique Mir. Actuellement, la construction de la Station Spatiale Internationale est le fruit de la coopération de 20 pays.

Aspect définitif de l'ISS quand tous les modules auront été envoyés dans l'espace et assemblés.

Au sein du laboratoire de recherche de l'ESA sur l'ISS, les astronautes peuvent réaliser leurs études dans des conditions de microgravitation depuis 2007.

À quoi servent les stations spatiales ?

Certaines expériences portant notamment sur la croissance des cristaux, la réalisation de matériaux et d'alliages ultra-purs et surtout sur les effets de l'apesanteur sur le développement des plantes ne peuvent s'effectuer que dans les conditions de microgravitation qui y règnent. Les résultats récoltés peuvent conduire à des nouveaux procédés de fabrication et poser les bases de vols spatiaux de longue durée, peut-être vers Mars.

Combien de temps une station spatiale est-elle fonctionnelle ?

La première station orbitale Saliout 1 avait une durée de vie de seulement 6 mois, tandis que Saliout 7 et le Skylab de la Nasa restèrent six ans en orbite. Le record est détenu par la station russe MIR, qui a survolé la Terre à une altitude comprise entre 300 et 400 km, de 1986 à 2001, alors qu'elle n'était initialement prévue pour fonctionner que cinq ans.

À quels dangers les astronautes sont-ils exposés ?

L'élément fondamental pour un séjour prolongé est un écran efficace contre les rayonnements, puisque l'effet protecteur de l'atmosphère disparaît. Le danger des micrométéorites est nettement moins aigu que ce qu'on avait pu supposer. Une enveloppe extérieure à double paroi offre une protection suffisante.

Quelle est la contribution de l'Europe à l'ISS ?

La contribution de l'Esa au projet de la Station spatiale internationale se compose du module de laboratoire habité Columbus et du véhicule automatique de transfert. Après l'explosion en vol de Columbia, le lancement du module Columbus fut reporté au second trimestre 2007.

Combien coûte l'ISS ?

Après diverses corrections apportées aux 40 milliards de dollars américains prévus initialement, la Nasa n'a plus communiqué de chiffres officiels. Les estimations actuelles s'établissent à 200 milliards. Certains modules ayant déjà été annulés pour des motifs budgétaires, l'avenir de l'ISS est incertain.

Vue depuis la navette spatiale sur la Station Spatiale Internationale, l'ISS, telle qu'elle était en 2003.

La sonde Messenger est destinée à explorer la composition de la planète Mercure.

Qu'est-ce qu'une sonde spatiale ?

Une sonde spatiale est un objet volant inhabité destiné à l'exploration du Soleil, des planètes, des comètes et de l'espace interplanétaire. Pour leurs missions, elles sont équipées d'instruments hautement spécialisés et peuvent agir de façon autonome dans un cadre limité. Contrairement à un satellite, la sonde spatiale quitte l'orbite terrestre.

Comment les sondes spatiales sont-elles conçues ?

Outre la charge utile scientifique, les principaux éléments d'une sonde spatiale sont les systèmes destinés à l'alimentation énergétique, à la navigation, au contrôle et au réglage de l'assiette ainsi qu'à la communication. Les antennes d'une sonde servent à transmettre les données de mesure et de télémétrie et à recevoir de nouveaux ordres.

Quelle est la durée de vie des sondes spatiales ?

Certaines ont une durée de vie assez importante. Les sondes les plus anciennes et toujours actives sont Voyager 1 et 2. Lancées en 1977, elles pourraient fonctionner jusqu'en 2025. On reçoit même encore des signaux émis par Pioneer 6, lancée en 1965, mais plus de données.

Qu'est-ce qu'une fenêtre de tir ?

Avant le début de la mission, les scientifiques calculent un déroulement aussi optimal que possible, s'appuyant sur une équation spécifique faisant entrer en jeu la Terre, les autres corps célestes et l'objectif de la mission. L'intervalle de temps pendant lequel ces conditions sont réunies et où la sonde doit être lancée s'appelle fenêtre de tir.

Comment les sondes économisent-elles du carburant ?

Lorsqu'une sonde approche du champ de gravité d'une planète, elle peut, par le biais d'une manœuvre dite gravitationnelle (ou swingby) utilisant la gravité et le mouvement de cette planète, se procurer un regain de lancée, lui permettant, à quantité de carburant égale, de transporter davantage de charge utile et de réduire son temps de voyage.

Au cours d'une mission de quatre ans, depuis la mi-2004 à la mi-2008, l'orbiteur Cassini – ici une maquette – observe l'atmosphère de Saturne et de ses lunes.

Quelles sont les missions des sondes spatiales ?

Elles explorent le Soleil, les planètes et les lunes, livrent les bases de planification pour des missions ultérieures, éventuellement habitées, et des données scientifiques sur notre système solaire. Elles cherchent aussi des signes de vies sur les autres planètes, détectent les champs magnétiques, prélèvent des échantillons dans les sols et les atmosphères, collectent des particules de poussières interstellaires ou mesurent la puissance du vent solaire.

Après un voyage de 7 ans, Cassini-Huygens a pénétré dans l'orbite de Saturne le 1er juillet 2004.

Pourquoi envoie-t-on des sondes à la place d'humains ?

Une sonde spatiale est plus compacte, plus légère et moins complexe qu'un navire spatial habité et peut être, de fait, transportée au-delà du champ gravitationnel de la Terre plus facilement. En orbite ou après un atterrissage, les sondes peuvent agir de façon partiellement autonome et collecter sans intervention humaine des données scientifiques précieuses.

Pourquoi fit-on se désintégrer la sonde Galileo ?

Le 21 septembre 2003, les ingénieurs firent se désintégrer volontairement la sonde Galileo dans l'atmosphère de Jupiter. En raison du manque de carburant, elle serait ensuite devenue incontrôlable. En outre, on voulait éviter que Galileo ne s'écrase sur le satellite jovien Europe et ne le contamine avec des bactéries terrestres. La sonde fut lancée en 1989 en vue d'explorer Jupiter et ses lunes.

Quelle était la mission de Stardust ?

Stardust est comparable à un aspirateur cosmique. La mission principale de la sonde lancée en 1999 constituait à collecter des échantillons de la queue de la comète Wild/2 et de les ramener sur Terre. Après un voyage de 3,2 milliards de kilomètres, Stardust s'est approchée de la comète en janvier 2004 jusqu'à 250 km, et a commencé sa collecte de poussières. Le 15 janvier 2006, la sonde atterrit dans le désert de l'Utah. Peu après, les échantillons furent envoyés à des scientifiques du monde entier pour étude.

En octobre 1997, la sonde spatiale Cassini-Huygens de l'ESA a été lancée pour étudier Saturne et ses lunes. Sur la route vers Saturne, elle effectua plusieurs manœuvres gravitationnelles au passage de Vénus, de la Terre et de Jupiter. Tandis que Cassini tourne autour de Saturne et de ses sept satellites depuis juillet 2004, la sonde Huygens s'est posée le 14 janvier 2005 sur le satellite Titan et a transmis des données scientifiques depuis sa surface.

Crédits photgraphiques : Archiv Naumann & Göbel (6), AEG Hausgeräte GmbH (1), A/S Norske Shell (1), Bayernwerk AG (3), BMW AG (1), Boeing (1), Canon Deutschland GmbH (1), colibri Fallschirmsport (1), DaimlerChrysler AG (2), Deutsche Bahn AG (2), DLR (1), Erdfunkstelle der Deutschen Telekom, Raisting (2), ESA (3), ESO (1), Eurocopter (3), Herrenknecht AG (1), Hochtief AG (2), Howaldtswerke Deutsche Werft AG (2), IBM Deutschland GmbH (1), John Foxx Images (1), Kinoton GmbH (1), Leica Camera AG, Darmstadt (1), Liebherr AG (3), MAN Wolffkran GmbH (1), Marshall Amplification (1), MEV (52), Miele: (4), Miles Kelly Art Library (25), NASA (10), Navsource (1), Osram GmbH (1), Photodisc (16), Picture Alliance (2), RWE AG (1), Siemens AG (3), Sony Deutschland GmbH (1), Stadtentwässerungswerke München (3), E. Thiem (3), Thyssen Krupp Stahl (1), Transrapid International GmbH & Co KG (3), Universität der Bundeswehr, München (1), Zeppelin-Museum, Friedrichshafen (1); Umschlagabbildungen: MEV, Augsburg (Hauptmotiv); Miles Kelly Publishing, Essex, UK; VEMAG, Köln